数智城市空间设计
案例分析

主编 许小兰 张娅薇 庞辉 李瑞 周燕

SHUZHI CHENGSHI KONGJIAN SHEJI

ANLI FENXI

武汉大学出版社

图书在版编目(CIP)数据

数智城市空间设计案例分析／许小兰等主编． -- 武汉：武汉大学出版社，2025.4． -- ISBN 978-7-307-24636-2

Ⅰ．TU984.11

中国国家版本馆 CIP 数据核字第 2024DA3699 号

责任编辑：任仕元　　　责任校对：汪欣怡　　　版式设计：马　佳

出版发行：武汉大学出版社　　（430072　武昌　珞珈山）
　　　　　（电子邮件：cbs22@whu.edu.cn　网址：www.wdp.com.cn）
印刷：湖北金海印务有限公司
开本：880×1230　1/16　　印张：16.5　　字数：480 千字　　插页：1
版次：2025 年 4 月第 1 版　　2025 年 4 月第 1 次印刷
ISBN 978-7-307-24636-2　　　　定价：82.00 元

版权所有，不得翻印；凡购买我社的图书，如有质量问题，请与当地图书销售部门联系调换。

内容简介

本书全面涵盖现代城市设计领域的专业知识，深入剖析住区设计、公共建筑设计、景观规划设计以及遗产保护与规划设计的理论和实践。书中精选包括住宅区、历史街区、景观区、小学、幼儿园、菜市场、博物馆等多元空间设计在内的经典案例，为读者提供了丰富的设计参考。每个案例均详细阐述了设计理念、特色亮点、关键经济技术指标，并配以设计效果图、模型效果图等直观展示，旨在强化读者对设计过程与成果的理解。本书通过对经典案例的分析，展现了数智城市空间设计的创新思维与实施技巧。

本书适合作为高等院校城乡规划、建筑设计、风景园林等相关专业学生的实验实践教材，可帮助学生掌握数智城市空间设计的原理和方法，提升他们的设计表达与实际应用能力，是理论与实践相结合的理想教学资源。

前 言

本书是一部专为城市规划与设计领域师生及专业人士编写的综合性教材，涉及在数字化时代背景下城市空间设计的多元领域。本书详细介绍了住区设计、公共建筑设计、景观规划设计、遗产保护与规划设计的先进理念、方法及其在实践中的应用，为读者呈现了一个全方位的数智城市空间设计蓝图。

本书精心挑选了一系列具有代表性和启发性的设计案例，涵盖住宅区、历史文化街区、城市景观、基础教育设施（如小学、幼儿园）、社区服务设施（如菜市场）、文化设施（如博物馆）等多个方面。每个案例都从设计说明、设计特色、经济技术指标、效果图展示、模型效果等多个角度进行深入剖析，确保读者能够全面理解设计的内涵与外延。

本书的特色在于：(1)实践导向：通过实际案例的解读，引导学生将理论知识转化为解决实际问题的能力。(2)理论与实践相结合：不仅提供了丰富的设计案例，还深入讲解了设计背后的原理和方法，以帮助学生构建系统的设计思维。(3)多维度分析：从设计理念、技术指标到视觉效果，全方位展现设计的全过程，增强读者的实践感知。(4)创新思维培养：通过分析数智城市空间设计的创新案例，激发读者的创新意识和设计灵感。

本书适合作为高等院校城乡规划、建筑设计、风景园林等专业的教学实践教材，是学生掌握数智城市空间设计基本技能、深化设计理念、提升创新能力的重要工具书；同时，也为城市规划师、建筑师、景观设计师等专业人士提供了宝贵的参考资料，有助于他们在数字化时代不断探索和创造城市空间的新价值。

感谢熊燕、童乔慧、李欣、铃木隆之、徐轩轩、黄凌江、胡嘉渝等老师对案例的指导，也特别感谢鲍冬婷同学对案例进行的整理。

由于编者水平有限，加之时间仓促，书中难免存在错漏，恳请读者批评指正。

目 录

01 第一章 住区设计

第一节　住区设计原理　　　　　　　　/ 001

第二节　住区设计方法　　　　　　　　/ 001

第三节　案例　　　　　　　　　　　　/ 002

　　　　案例一：融创智合，元享生态　/ 003

　　　　案例二：岛栖生态，行流元宇　/ 017

02 第二章 公共建筑设计

第一节　公共建筑设计原理　　　　　　/ 032

第二节　公共建筑设计方法　　　　　　/ 032

第三节　案例　　　　　　　　　　　　/ 034

　　　　案例一：朝气华年　　　　　　/ 035

　　　　案例二：邻荫·聆音　　　　　/ 050

　　　　案例三：衍界·共生　　　　　/ 060

　　　　案例四：流·览　　　　　　　/ 079

　　　　案例五：疗愈孤独的乌托邦　　/ 089

　　　　案例六：土家之韵　　　　　　/ 111

案例七：绿野　　　　　　　　　　/ 134

案例八：GREENLAND　　　　　　　/ 144

案例九：以纵横之道，助咸安新生　/ 164

03 第三章 景观设计

第一节　景观设计原理　　　　　　　　/ 174

第二节　景观设计方法　　　　　　　　/ 174

第三节　案例　　　　　　　　　　　　/ 176

　　　　案例一：灵灵总角·穆穆良朝　/ 177

　　　　案例二：声绘方塔园·音蕴常熟景　/ 202

04 第四章 历史遗产保护与利用设计

第一节　历史遗产保护与利用设计原则　/ 222

第二节　历史遗产保护与利用设计方法　/ 223

第三节　案例　　　　　　　　　　　　/ 224

　　　　案例一：大智门：再出发　　　/ 225

　　　　案例二：祭茶·山野之院　　　/ 248

第一章 住区设计

住区，指的是具有一定规模、功能齐全、满足居民生活需求的居住区域。它不仅是居民居住的空间场所，更是一个集生活、休闲、娱乐、教育等多功能于一体的社区单元。住区的性质体现在其社会性和空间性上，它既是社会生活的缩影，也是城市空间的重要组成部分。

住区设计直接关系到城市的生活质量、城市的形象与风貌、土地资源利用与环境的可持续等多个方面。因此，住区设计是城市规划与设计中不可缺少的一项重要内容。

第一节 住区设计原理

住区设计的任务是科学合理、经济有效地使用土地和空间，遵循经济、适用、绿色、美观的建设方针，确保居民基本的生活条件，营造一个满足人们日常物质和文化生活需要的舒适、方便、安全、卫生、安宁、优美的环境。住区设计的目标是为居民创造一个宜居、宜业、宜学、宜游的高品质生活环境，这也是实现全面建设社会主义现代化国家、满足人民群众日益增长的物质和文化生活需要的重要内容。

住区设计应考虑以下几个方面：

(1) 环境保护与生态平衡：注重生态保护，提高绿地率，推广绿色建筑和可再生能源的使用，减少对环境的负面影响。

(2) 交通布局：优化交通网络，鼓励公共交通和非机动交通，减少交通拥堵，提高住区的可达性和出行便利性。

(3) 公共服务设施：合理配置教育、医疗、文化、体育等公共服务设施，满足居民多样化的生活需求。

(4) 住房设计：提供多样化的住宅类型，满足不同家庭结构及其经济条件的需求，确保住宅具有良好的采光、通风和私密性。

(5) 历史文化保护：尊重和保护住区内的历史文化遗产，体现地域特色和文化传承。

(6) 防灾减灾：考虑对地震、洪水等自然灾害的防范，提高住区的防灾减灾能力。

(7) 社区建设：强化社区功能，促进邻里交往，构建和谐的社区环境。

第二节 住区设计方法

住区设计方法涵盖了选址规划、空间布局、交通组织、绿化景观、建筑风格、室内空间、细节处理以及智能化与人性化等多个方面。在实际设计过程中，应根据具体情况综合考虑这些因素，以确保设计出的住区既美观又实用，既符合居民需求又符合城市发展的要求。

一、选址规划与安全考虑

住区的选址规划是设计工作的首要任务，需要综合考虑地理位置、自然环境、周边配套设施等因素。在选择地块时，应确保其地质条件稳定、交通便利，并避开可能的污染源和灾害易发区。同时，安全考虑也是选址规划的重要组成部分，需确保住区远离安全隐患，如需远离高压线、化工厂等。

二、空间布局与功能分区

空间布局是住区设计的核心，需根据地形、气候等因素进行合理规划。通过合理的空间布局，实现住宅、公共服务设施、道路交通等各个系统之间的协调与融合。同时，功能分区也是住区设计的重要方面，应根据居民需求和生活习惯，将住区划分为不同的功能区域，如住宅区、商业区、休闲区等，以满足居民多元化的生活需求。

三、交通组织与流线设计

交通组织是住区设计中的重要环节，需合理规划道路网络、停车设施等，确保住区内部交通流畅、安全。流线设计则关注人流、车流的组织与引导，通过设置合理的出入口、指示牌等，引导居民和访客便捷地到达目的地。

四、绿化景观与生态环保

绿化景观是提升住区品质的关键因素之一，应合理规划绿地空间、植物配置等，营造舒适、宜人的居住环境。同时，生态环保也是住区设计的重要考虑因素，需采用环保材料、节能技术等，降低住区的能耗和排放，实现可持续发展。

五、建筑风格与外观设计

建筑风格与外观设计是住区设计的重要组成部分，应根据地域文化、时代特色等因素进行选择和设计。建筑风格应体现地方特色和时代风貌，外观设计则应注重将美观与实用相结合，以提升住区的整体形象。

六、室内空间与家具布置

室内空间与家具布置是住区设计的细节方面，需关注住宅内部的空间布局、家具选择等方面。通过合理的室内空间规划和家具布置，提升居住空间的舒适度和实用性。同时，也应考虑室内空间的通风、采光等要素，营造健康、舒适的居住环境。

七、细节处理与材料选择

细节处理与材料选择是住区设计中不可忽视的环节。在细节处理方面，应关注建筑细部、景观小品等方面的设计，以提升住区的整体品质和美感。在材料选择方面，应选用质量可靠、环保节能的材料，确保住区的安全性和耐久性。

八、智能化与人性化设计

随着科技的发展，智能化与人性化设计逐渐成为住区设计的重要趋势。智能化设计包括智能家居、智能安防等方面的应用，以提升住区的便捷性和安全性。人性化设计则关注居民的需求和体验，通过合理的设施配置和服务提升，营造更加舒适、温馨的居住环境。

第三节　案例

下面通过两个案例生动诠释住区设计的原理与方法。

案例一

融创智合，元享生态

——"旧区改造"背景下元宇宙滨江智慧生态社区设计

团队成员： 陶梦霖、滕雅婷、罗吉

设计说明： 在城市更新和旧区改造的大背景下，此设计旨在为原居民在 15 分钟生活圈内配备居住、商业、公共服务、学校等完整的生活设施和配套建筑，发展智能化与数字化社区，给居民生活尽可能提供便利；与此同时，完善生态绿化，重建人与自然的联系。

PART 1　前期分析

01　基地现状分析

■ 区位分析

■ 气候分析

区位分析

风向分析

气压分析

干球温度分析

气象分析

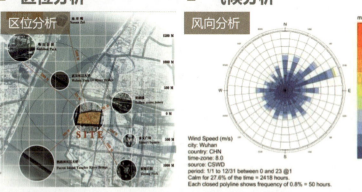

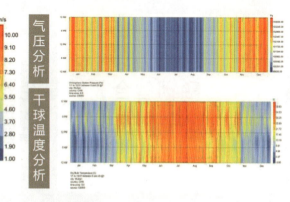

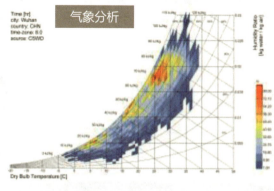

■ 基地分析

■ 道路分析

内部建筑分析

内部道路分析

高层 高层住宅数量最少，主要分布于基地南侧，其建成年代晚，外立面干净整洁

中高层 中高层住宅呈团块状分散分布，建成年代较早，外立面相对陈旧，多贴瓷砖

多层 多层住宅位于基地内部，零散分布，其建成年代偏新，外立面整洁

低层 低层住宅在基地内部分布数量最多，可连接成片；建成年代最早，外立面较脏乱，部分低层住宅经历过形式主义的修整

综合体 新建商业综合体的建筑外立面较新，现代感强，街具属于集约式布置，金树商业街属于成片集中布置

底商 除汉飞又一层为高层住宅，其外立面相对较新外，其他底商所在住宅楼均为外立面较旧的多层住宅

门市房 门市房建成年代较早，里面较为破旧，有平房和二层楼两种。有两层楼的门市房上多为商户自己居住或存货

历史建筑 历史建筑主要为三一堂和彭刘杨路邮局，均保存相对完好，体现中西建筑风格合璧的特点

场地位于湖北省武汉市**武昌区的长江东侧片区**，在周边1000m内有地标物黄鹤楼、武汉长江大桥、鹦鹉洲长江大桥。**场地由临江大道、解放路、彭刘杨路包围。**

02 基地现状：优势与问题

■ 场地周边公共服务设施

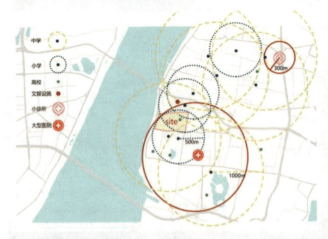

■ 人群分析

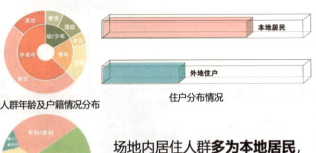

人群年龄及户籍情况分布

人群受教育情况分析

住户分布情况

场地内居住人群**多为本地居民**，外地住户相对较少；人口**以中老年人为多**，青少年相对较少。

■ 生态绿地

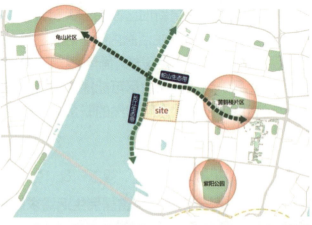

优势：场地内医院、学校方便易达；
场地**临近长江**，宜有效**利用滨江生态环境**；
场地处于**多个绿化带之间**，狭长的长江滨江绿地也为居民休闲娱乐提供了场所。

问题：场地内老年人居多，**智慧养老**十分必要；
行车安全隐患多，停车难，急需进行**智慧管理**。

> 希望可以多点公共座椅，治理一下街道卫生。
> 希望可以加强隔音，晚上比较吵。

> 希望能有更宽敞更安全的场地让我们尽情在里面玩，同时也能让爷爷奶奶放心。

> 希望可以改善一下交通环境，非机动车机动车不分行很危险。希望可以有更便捷的路通向大成路。

PART 2　设计主题

01　设计说明与思路

■ **设计说明**

在城市更新旧区改造的大背景下，此设计旨在为原居民在15分钟生活圈内配备居住、商业、公共服务、学校等完整的生活设施和配套建筑，**发展智能化与数字化社区，给居民生活尽可能提供便利；与此同时，完善生态绿化，重建人与自然的联系。**

■ **设计思路**

思考：如何将"智慧"&"生态"融入社区设计？

——**基于未来元宇宙居民生活需求展开**

打造元宇宙滨江智慧生态社区

社区设计总平面图

02 设计主题

元宇宙滨江智慧生态社区

智慧社区

5G时代，居民日常生活应融入智能设施，老年人智慧养老，年轻人强身健体。住区应为人们带来便捷舒适智慧的生活方式，满足不同人群生活的方方面面，例如支付宝智慧社区、小区智慧生活号、智慧停车系统等。

生态宜居

在"碳中和"的背景下，应更重视环境绿化与绿色建筑的落实，增加绿植覆盖，增加绿化公园活动范围，融合自身山水格局，建筑转向"绿色、节能、高效"的建造方式，精细化管理，降低碳排放。

AND

03 设计策略 (1)

■ 智慧社区理念

未来智慧社区以**大数据为支撑**，以**智能化、交互性**为技术手段，创造如交互办公、智能家居、智能治理、智能交通等多应用场景下的全方位的**以人为本**的未来智慧生活。

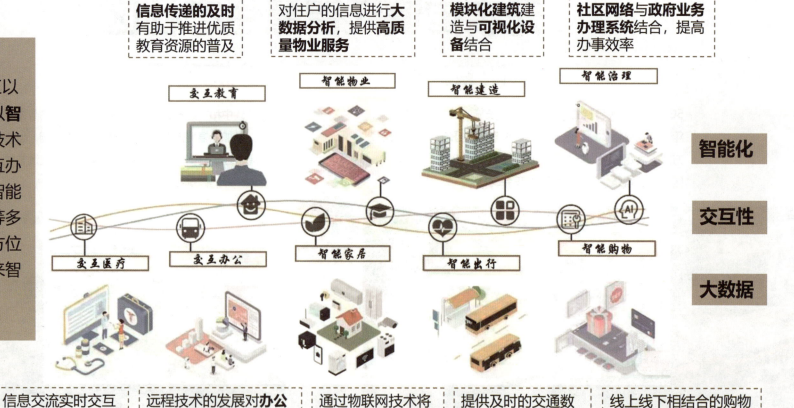

信息传递的及时有助于推进优质教育资源的普及

对住户的信息进行**大数据分析**，提供**高质量物业服务**

模块化建筑建造与**可视化设备**结合

社区网络与政府业务办理系统结合，提高办事效率

智能化

交互性

大数据

信息交流实时交互实现对**优质医疗资源的共享**

远程技术的发展对**办公空间分布的扁平化**提供技术支持

通过物联网技术将家中的各种**设备连接到一起**

提供及时的交通数据，实现出行**换乘零等候**

线上线下相结合的购物方式搭配**智能化运输**，带来便利的购物体验

03 设计策略 (2)

■ 智慧社区设计策略

智慧管理

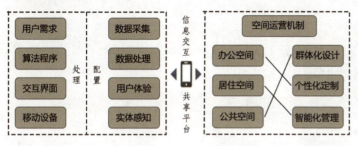

智慧运营

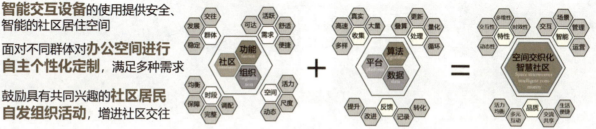

智能交互设备的使用提供安全、智能的社区居住空间

面对不同群体对**办公空间进行自主个性化定制**，满足多种需求

鼓励具有共同兴趣的**社区居民自发组织活动**，增进社区交往

■ 智慧社区设计方法

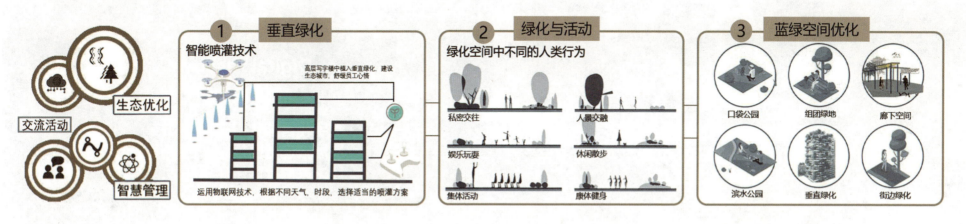

G
Green Ecology
绿色生态

打造元宇宙生态智慧社区，多方面进行生态环境建设，推进元宇宙与生态环境结合

O
Open Platform
开放平台

布置开放共享活动平台，结合生态与智能设施创造开放性、趣味性活动场地，推进虚拟现实元社区建设

A
Activity Space
活动空间

在社区营造多样的活动空间，包括商业区、商住区、文保区、教育区、公服区等

D
Digital Facility
数字化设施

数字化智能化设施借助科技发展推进社区规划，数字化让未来的社区生活更舒适、更有趣

PART 3 方案分析

01 规划系统分析图

■ 社区功能划分

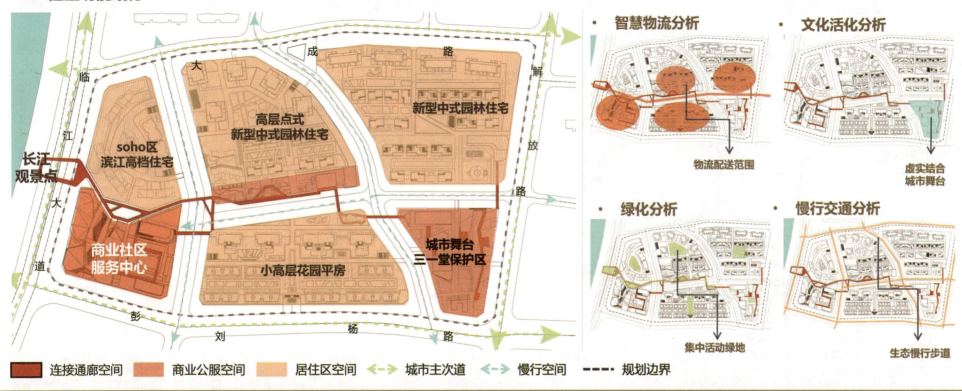

打造**元宇宙步行友好**的慢行路线系统，利用高度个性化的**装配式元基础设施模块**，融合**元宇宙技术**打造丰富多元的社区聚落，利用虚拟集聚空间促进城市经济发展，构建**智慧生态**的滨江乐城。

02 场景分析图

■ 智慧生态社区

■ 智慧元宇宙

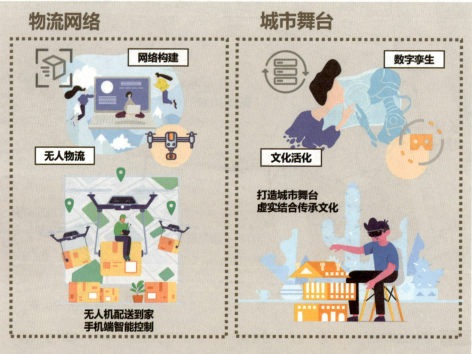

智慧绿色　生态新城　慢行生活　　　　元宇宙模式　无人机物流运送系统　城市舞台

03 技术路线

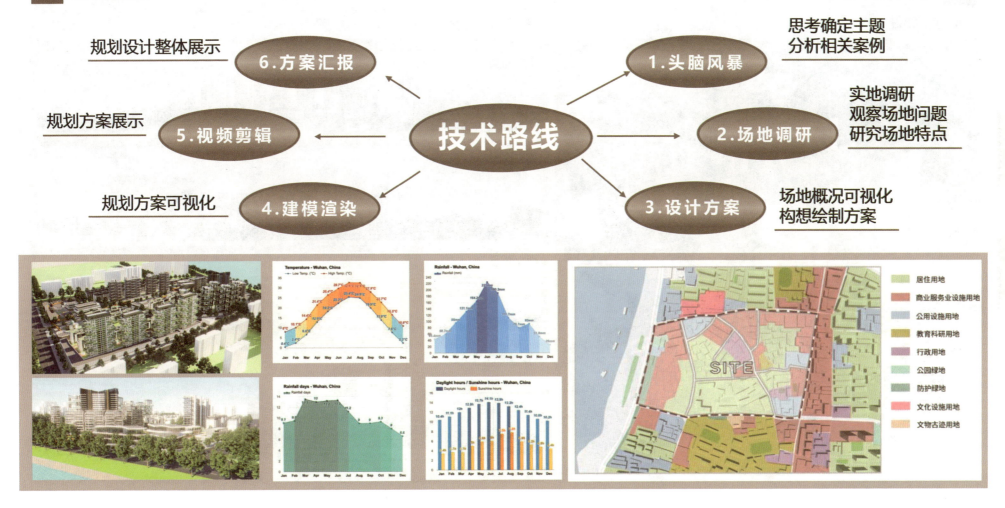

PART 4 成果展示

01 整体效果展示

■ 鸟瞰图

■ 建筑立面

02 功能分区展示

■ 商业办公区

■ 多样住宅区

■ 文化保护与展示区

■ 公共建设服务区

03 特色空间设计展示

元共享生态连廊

元教育公共服务区

元商业办公区

元文化社区展示区

元生态共享院落

元生态休憩区

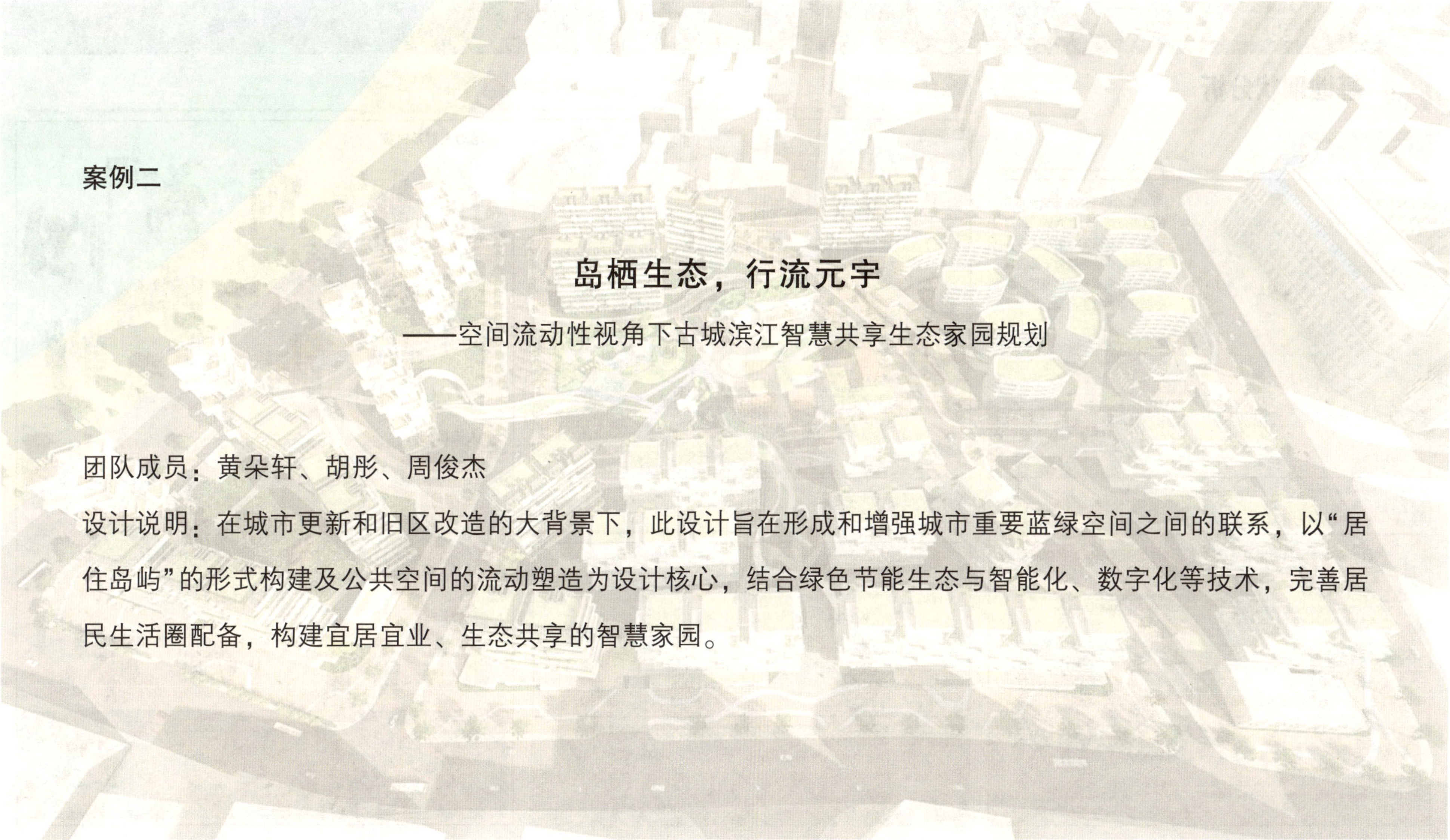

案例二

岛栖生态，行流元宇

—— 空间流动性视角下古城滨江智慧共享生态家园规划

团队成员： 黄朵轩、胡彤、周俊杰

设计说明： 在城市更新和旧区改造的大背景下，此设计旨在形成和增强城市重要蓝绿空间之间的联系，以"居住岛屿"的形式构建及公共空间的流动塑造为设计核心，结合绿色节能生态与智能化、数字化等技术，完善居民生活圈配备，构建宜居宜业、生态共享的智慧家园。

PART 1 前期分析

01 基地现状分析

区位分析

基地位于湖北省武汉市武昌区解放路、临江大道、彭刘杨路等道路所围合的地块内，上位规划中该地块位于高端商业与服务业重点发展地区，属于新建型社区生活圈。

历史文脉

武昌古城拥有悠久城市发展历史，基地片区不仅保留了抗战的历史记忆，同时也承载着现代先进商贸发展的城市任务。

上位规划

基地位于原武昌古城内，在武汉市历史之城概念规划中具有重要的历史文化价值。根据武汉市社区生活圈、慢行交通、特色街道，基地土地功能利用以商业用地与居住用地为主，属于新建类15分钟生活圈，以特色街道解放路为东部边界，临江绿道慢行交通功能突出。

气候分析

基地临长江，夏季主导风与冬季主导风形成西南-东北风轴，加之位于中心城区，周边建筑密度较大，基地与西侧江边形成热岛效应，形成热岛中心点，需要合理规划通风廊道与景观绿轴，调节基地微气候，提升居住舒适度。

人群分析

■ 活动人群及特征

■ 人流量分析

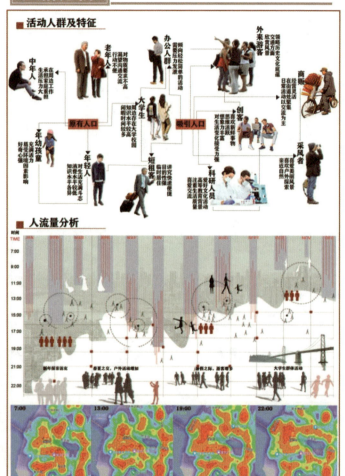

02　基地优势与问题

现状分析

城市主要道路

周边公园绿地

基地位于原武昌古城内部，具有重要历史文化价值。基地由城市干道与支路环绕，且临江靠近两座长江大桥，交通条件优越。此外，基地位于武汉重要蓝绿空间中心交汇处，周边生态资源丰富，空间使用人群流量较大。

周边水系分布

周边轨道交通

周边景观视廊

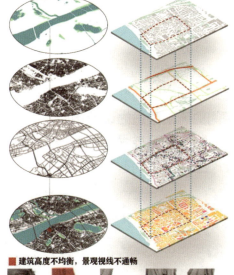

基地现状以居住功能为主，周边道路网较为密集，基地内部建筑密度较大，建筑肌理较为混乱，商业业态数量丰富，主要沿着城市支路分布。从社区生活圈的角度进行基地评估，基地社区生活相关配套设施仍存在不足，如缺乏幼儿园等文化教育设施以及绿化景观数量少等。从历史文化传承与保护方面来看，基地内部存在一历史建筑——三一堂，但现状对其保护及展示较少。基地需多方面进行完善和规划。

■ 建筑高度不均衡，景观视线不通畅

景观不佳

■ 建筑密集，道路拥挤

肌理混乱

■ 老旧住宅多，景观绿地少

生态缺乏

PART 2　设计主题

01　设计说明与定位

■ **设计说明**

在城市更新和旧区改造的大背景下，此设计旨在形成和增强城市重要蓝绿空间之间的联系，**以"居住岛屿"的形式构建及公共空间的流动塑造为设计核心**，结合**绿色节能生态与智能化、数字化等技术**，完善居民生活圈配备，构建宜居宜业、生态共享的智慧家园。

打造智慧共享生态家园

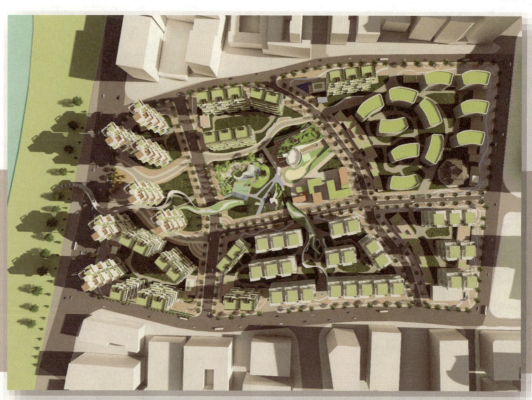

规划设计总平面图

02 设计主题（1）

■ 需求说明

人群关系与场地需求

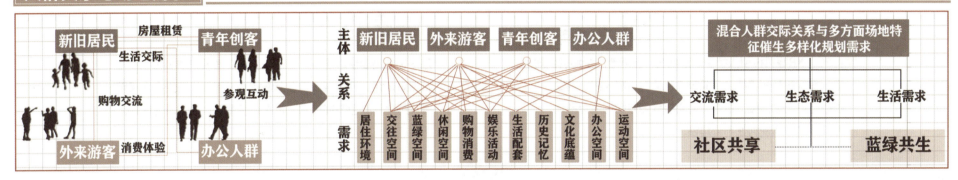

未来展望

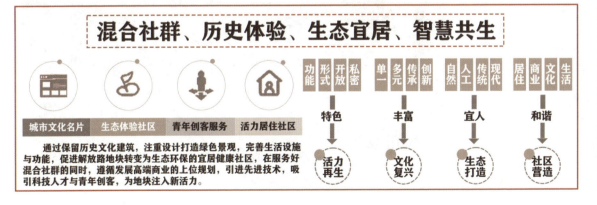

混合社群、历史体验、生态宜居、智慧共生

通过保留历史文化建筑，注重设计打造绿色景观，完善生活设施与功能，促进解放路地块转变为生态环保的宜居健康社区，在服务好混合社群的同时，遵循发展高端商业的上位规划，引进先进技术，吸引科技人才与青年创客，为地块注入新活力。

02 设计主题（2）

古城滨江智慧共享生态家园

智慧共享

将5G、XR等科技引入社区生活配套，全面考虑全龄居民需求，实现智慧医养结合、共享文化教育、育儿线上辅助、虚拟历史记忆链接、智慧交通管控等多方面生活智能化，提升社区生活便利性与舒适性。

生态连接

基于场地重要生态区位，在现状道路交通系统增加和完善慢行景观体系，连接城市重要蓝绿空间，引入长江生态，采用屋顶绿化等绿色节能技术，丰富绿植覆盖，增加居住区绿化景观空间，智慧管理，低碳生活。

AND

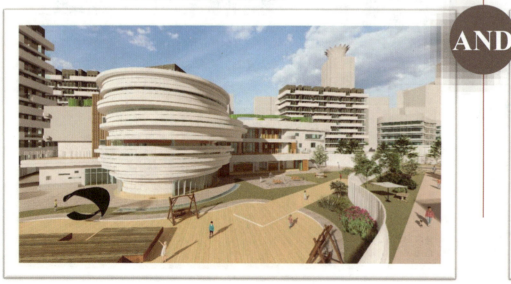

03 设计策略

- 空间流动化概念
- 居住家园规划策略

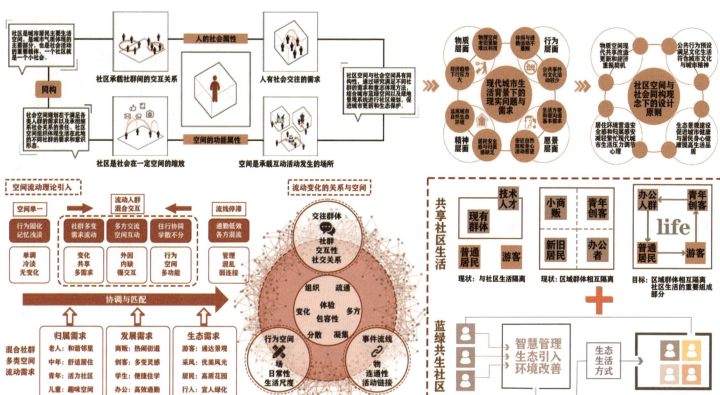

PART 3 方案分析

01 规划分析

方案生成

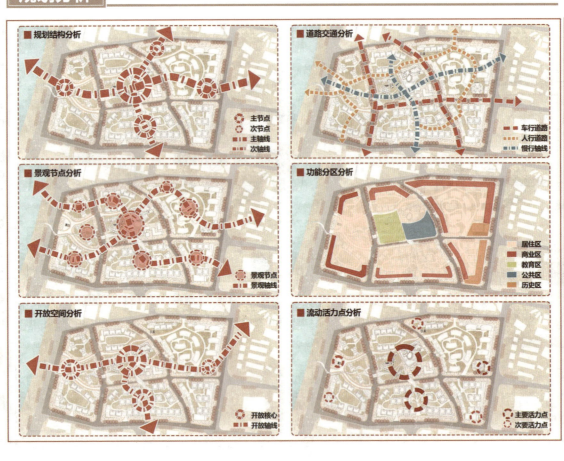

规划分析

在交通系统规划方面，方案参考TOD开放街区规划理念，合理引入城市支路进入居住区，提高车行交通效率，同时规范设计人行道，增加立体天桥，形成多方舒适安全的慢行系统。

在景观体系设计方面，方案增加了场地的绿化空间，形成集中绿地-慢行绿廊-宅间绿化的绿化空间层级，同时合理利用屋顶、露台空间，形成垂直绿化。

在开放空间规划方面，方案采用空间流动性概念，借用岛屿与河流的形态，形成流动指引、弹性可变的开放空间模式。

02 具体设计

设计方法

方案基于场地在历史文化、生态区位等方面的优势与现状问题，提出强化历史记忆、焕活生态山水、激发场地活力的规划目标，并从开放空间流动化、活动中枢塑造、街道更新设计以及绿地景观设计四个方面有针对性地解决场地问题。

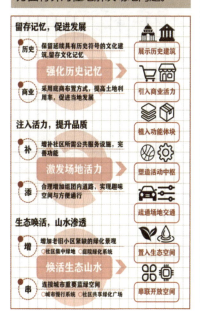

空间流动化设计

在满足原有人群居住需求的基础上，充分利用住宅相互围合形成的公共空间，打通宅间绿地之间的隔阂，形成流动畅达的景观视廊与慢行交通流线，提升街区整体空间的灵活性，实现人群行为与居住空间的流动化。

街道更新设计

设计规范街区外部道路横断面，完善人行道铺地及相关设施，连接基地周边重要场所，创建通畅高效的交通系统，串联城市绿地资源与临江生态公园。通过上跨、开放、退界等设计方法，构建安全便捷的街区内部交通，结合绿化景观，构建舒适放松的慢行空间。

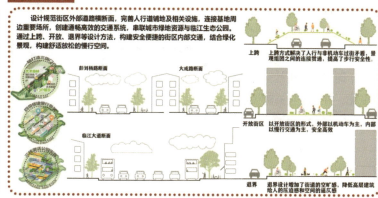

活动中枢塑造

对原场地功能进行重新组合，将重要社区服务适当聚集在片区中心，同时顺着道路延伸功能区域，引入商业、生态、居住、历史等多方活力，构建以社区中心绿地为基础物质载体的活力中枢。

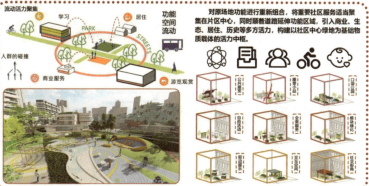

绿地景观设计

绿地景观承接流动开放空间，以提供自然生态功能，同时结合休闲座椅、运动设施等小型构筑物增添空间承载活动的多样性，使空间流动达成行为流动。

03 数字引入

■ 虚拟情绪社交

智能互动设备捕捉记录人们发生社交活动时的行为与表情，在同一地点不同时间进行场景再现，投射活动虚影连接两个时空，分析社交活动情绪变化，并给出社交建议。

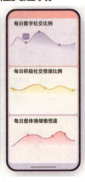

■ 流线节点记忆共享

中心花园与下沉广场

社区服务中心

临江商业与生态景观

网络探店打卡

全龄活动空间

屋顶露台花园

趣味街巷与连廊

历史记忆体验

■ 智慧交通指引

借助移动互联网、大数据等先进技术和理念，利用卫星定位、地理信息系统等技术，结合实际道路交通实现基地道路交通系统状态实时感知，并通过社交媒体文字情绪分析，推荐出行路线。

线上流线示意：生活线　游览线

04 技术路线

- 规划设计整体展示 — 6.方案汇报
- 规划方案可视化 — 5.建模渲染
- 规划方案细化 — 4.图纸绘制
- 1.头脑风暴 — 思考确定主题 / 分析相关案例
- 2.场地调研 — 实地调研 / 观察场地问题 / 研究场地特点
- 3.规划设计 — 场地概况可视化 / 构想完善方案

PART 4 成果展示

01 整体效果展示

■ 鸟瞰图

■ 建筑立面

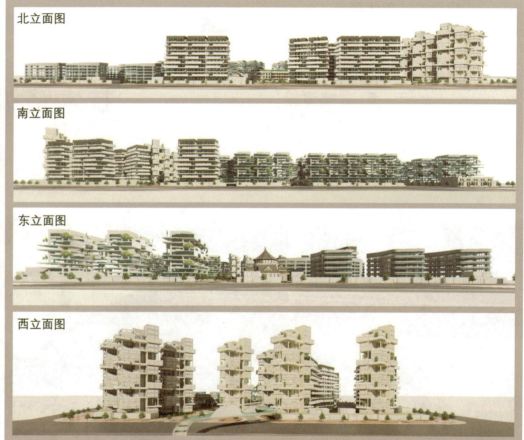

北立面图

南立面图

东立面图

西立面图

02 功能分区展示

■ 全龄运动区

■ 多样住宅区

■ 文化保护与展示区

■ 公共建设服务区

03 特色空间设计展示

■ 共享生态连廊

■ 全龄户外活动绿地

■ 休闲慢行步道

■ 历史文化展示区

■ 通达视觉廊道

■ 生态露台空间

第二章　公共建筑设计

狭义的"建筑"是指人们使用各类建筑材料（包括泥土、木材、石材、砖石等）有意识构筑的具有一定功能的空间，其建造的目的是为人们的工作或生活提供活动空间；广义的"建筑"是指各种动物利用自然界材料有意识营造的巢穴，其建造的目的是获取可供栖息的空间。从广义"建筑"所包含的内容进行分析，建筑这个"产品"应该是早于人类而出现的事物。因此，我们可以认为建筑作为一个实体的概念，它见证了人类从出现到今天的整个发展状况。由于建筑作为一个实体的存在往往会超越一代乃至数代人的寿命时限，所以，狭义建筑遗迹所展示的演绎过程，实际上会让我们得以保存并展现人类不同阶段的发展特色。本章后续所提及的建筑，若非特别说明，皆以狭义"建筑"为讨论对象。

伴随着人类社会的进步，社会分工逐步推动了建筑的细化，各种建筑被分别归类到生产性建筑和非生产性建筑两大类型之中。其中，生产性建筑会因加工对象的不同而被划分为工业建筑和农业建筑两大体系，非生产性建筑则因为其服务目标的差异而被区划成居住建筑和公共建筑两大系统。公共建筑作为一个概念，是指为人们进行各种非生产性公共活动而提供场所和环境的民用建筑，其建造的目的主要在于满足人们的物质、文化等方面的需求。人类从诞生之初就是一个具有高度社交特征的生物群体，社会性是维系人类世界良性发展的重要纽带。社会学中有一个名词叫"社会人"，指的就是兼具社会属性和自然属性的完整意义的人。因此，"社会活动的参与"是一个人一生绝大多数时间所从事的事情，而与这一活动所对应的空间，主要就是由公共建筑来提供的。

2001年，中国政府首次从国家层面上推出了"中华文明探源工程"。在这项探源工程的前期，研究人员首先选取中原地区的六座城邑遗址作为这一研究的支点。从区位分布来看，这六座城邑分别位于今天的河南省和山西省，前者包括大师姑、西坡、王城岗、新砦、偃师二里头等五处遗址，后者则有陶寺一座遗址。城邑之所以能够成为人类文明的研究对象，主要是因为它集中包含了人们进行各类不同活动的场所和环境。在岁月的锻压之下，那些曾经人头攒动的、热闹的场所或环境，逐步凝练成冷峻的"化石"，用空间的语汇去述说历史人物曾经的"轨迹"。在现存城邑遗址的各类建筑里，无论是从数量或是研究价值的角度来分析，公共建筑都是城邑实体所蕴含"文明"的主要"容器"，这是因为人类主要的公共活动大多会在公共建筑中付诸实施。

公共建筑所包含的内容极为丰富，为教育活动提供服务的托儿所、幼儿园、各类学校、图书馆；为文化传播提供服务的展览馆、博物馆、影剧院、音乐厅；为研究探索提供服务的试验场、研究所；为体育比赛和活动提供服务的体育馆、运动场；为商业运营提供服务的商场、菜场、旅店、宾馆；为交通运输提供服务的车站、码头、空港、服务站；为司法秩序提供服务的法院、监狱；为医疗卫生提供服务的诊所、医院、康复中心；为纪念历史人物提供服务的陵园、纪念馆；为休闲放松提供服务的绿化小品、公园、动植物园，等等，它们都被纳入公共建筑业务范畴。可以这样说，公共建筑所涉及的内容几乎覆盖了人们所有的社会活动，它在人类的整个建筑领域占有极为重要的地位，是人类文明的承载器，也是人类文明延续和发展的重要基础条件。

第一节　公共建筑设计原理

人们建造各类建筑的初衷就是要创造一个优美而舒适的环境，这个环境应该能帮助人们实现愉悦且舒适的生活。作为当代社会重要的一种建筑类型，公共建筑的任务是在遵循区域自然规律的基础上，整合本土优秀且独具特色的文脉资源，以现代科技手段作为依托而实现地域文化的空间表达。通过人们对建筑空间的使用，公共建筑可以深层次地实现地域文化的有序传承，可以经济合理地营造出符合特定使用要求的室内外空间。

当今的人类社会，环境面貌已被当作衡量一个地区文明程度的重要指标。建筑环境通常可被划分成室内和室外两个部分，相对于室内环境，室外环境的塑造更具有挑战性，因为它要顾及建设用地的地势环境，顾及建设环境中的绿化植被，顾及建设基地周边的广场道路，顾及建设场地范围内早先建成的各种建筑或小品。《国语·郑语》提出了"和实生物"的哲学思想，这一思想对于建筑项目的经营也是适用的，只有当"新生"的建筑和谐地融合于原有的环境时，场地的有序发展才能够得到保障。

由于公共建筑具有丰富的内涵，故它可以根据具体的功能划分出不同的支系。又由于每个公共建筑的支系都会有自己所要解决的主要问题或想要达到的核心目标，所以，不同分支体系建筑的设计重点就出现了差异，这些特点势必促成具体建筑内部空间的差异性表达，有些特点甚至还会延伸互动于建筑的外在环境。例如，教育建筑需要解决师生的互动，强调学生的学习效果，需要解决所处环境的免干扰性；文化传播建筑需要解决视听感观，强调现场气氛的渲染，需要解决建筑基地的人流疏导……公共建筑下属的不同支系，通常会因为功能、经济、外观等诸多社会性元素的影响而构成建筑营造的内在基因，只有巧妙地处理好它们之间以及它们同室外环境（包括区域社会人文、自然地貌等）的关系，才能最终实现新生公共建筑合理且富有生命力的实体表达。

从整体而言，公共建筑设计应注重考虑以下几个方面：

（1）保护环境：保护生态环境，尊重自然环境，减少建筑生产及使用过程中的能耗，推广使用可循环使用的建筑材料，推广使用绿色能源。

（2）尊重人文：尊重用地区域的历史文化，有序传承城市文脉，实现建筑的在地化，实现不同地区特征的多元化。

（3）组织交通：依据场地周边的市政路网，合理安排场地交通，实现建筑用地域外、场内与建筑内部交通的有序衔接，保证建筑得到安全、合理的使用。

（4）运营经济：根据建筑类型合理进行结构选型，恰当运用设备技术，实现建筑在建设和使用过程中经济指标的最优化。

（5）布置功能：适应不同支系特征组织与功能组团，通过水平、垂直交通和交通枢纽进行合理的功能分区，实现动和静、集和散等问题的解决。

（6）设计个性：按照建筑支系的特点，结合使用者的群体特征，营建建筑的内部空间和外部形象，达成使用者在物质层面和精神层面上的诉求。

（7）塑造体量：参照场地周边原有的自然、人文景观，精心打造建筑体量，在尊重基地原有特点的同时，突出建筑主体，加强人流引导。

第二节　公共建筑设计方法

公共建筑设计方法涵盖了建筑选址与勘测、室外环境与布局、室外疏散与交通、建筑功能与组合、内部空间与交通、建筑技术与经济、未来建设与拓展等内容。由于公共建筑各支系特征的多元化，设计师应根据具体课题进行综合分析，由此设计出适合地域特征，且经济、实用、安全、美观的建筑，以满足建筑使用人群的诉求。除此之外，设计作品还应兼顾建筑影响区域原住居民的合理要求。

一、建筑选址与勘测

基址的选择是建筑建造的首要条件。《黄帝宅经》有"地善即苗茂，宅吉即人荣"的描述，这部古籍虽然谈论的是住宅，但其择地的思想对公共建筑也是具有指导意义的。建筑作为联系人与自然的重要载体，其建造的目标就是和谐与自然。公共建筑的基址选择需要综合考虑自然条件、地理区位、人文环境等内容。公共建筑在择地时，首先应确保建筑用地的交通便利、场地开阔。其次，建筑基地的选址应尽可能避开污染源，应有利于建筑自身可能产生的污染的消散。最后，基地应有较好的防灾、减灾基础，地质条件能够承担建筑运营过程中可能出现的各类荷载。

二、室外环境与布局

公共建筑的室外环境主要以建筑或建筑群的外围形体作为基础而生成，通常包括道路、软硬铺地、建筑小品等。公共建筑的室外环境，应该具有较好的人流引导性。同时，建筑室外环境还应具备符合建筑各支系特点的艺术构思或表达。一些大型的区域标志性建筑，其室外的环境还应充分考虑路人的观赏距离和范围，注意使广场等软硬铺地的尺度匹配于建筑形体的尺度。公共建筑的室外环境可以通过轴线对位、辐射发散、网格组合等方式作为基础，结合并联组合、串联组合、集中组合等手段处理或布置开敞性集散广场和活动场地，生成以主体建筑作为区域中心、流线逻辑清晰的构图效果。

三、室外疏散与交通

因为公共建筑的使用者较多，所以人流交通是公共建筑在设计环节和使用环节需要着重考虑的问题。公共建筑的人流集散，往往因为具体项目的差异而表现出不同特点，例如体育馆、影剧院、交通港等，通常因为人流和车流量较大且时间集中，交通组织相对复杂，所以建筑主体的附近应布置有较大的集散广场以疏解人流和车流。再例如宾馆、商场等，人流通常平缓而持续，所以建筑的室外空间可以布置得紧凑一些来提高土地利用率。各类公共建筑都应处理好基地出入口同市政道路的衔接。一般而言，公共建筑总平面的出入口宜布置于基地所临的干道上，且同建筑主体有便捷的衔接；但倘若基地四周没有市政干道，建筑总平面的出入口也应与干道有便捷的联系，以保证场地内人流和车流的通畅。部分人流量大的公共建筑，建筑主体及场地往往需要布置有多个出入口以保证交通流的快捷与安全。

四、建筑功能与组合

公共建筑按照空间的使用性质或者功能，可以划分为主要使用、辅助使用和交通联系三大部分。由于公共建筑的多样性，我们不能以具体房间的名称断然界定它是主要使用部分、辅助使用部分或交通联系部分，这需要依据具体的建筑进行相应的分析。例如某些宾馆的门厅，兼顾休息、入住手续办理等，因而被纳入建筑的主要使用部分；而在大多数的教学楼中，门厅主要是作为衔接教室和室外空间的一个交通节点，所以被纳入交通联系空间。在判定了空间的功能属性后，设计师应该在适应建筑环境的基础上，优先考虑主要使用部分在造型、尺度、日照、采光、通风、隔声、保暖等方面的要求，同时根据各功能部分的使用逻辑和顺序进行空间组织，强化主要使用部分在建筑整体造型中的突出形象，有效实现建设基地范围内人流、车流、物流合理而有效的引导，实现建筑主要功能部分的效益最大化。

五、内部空间与交通

由于建筑的功能要求、环境特点和艺术需求，建筑的外部形态通常会呈现出带有个性的差异，它既有规则的表达，也有不规则形象。建筑造型的不同，通常也会导致建筑内部空间出现差异。一般而言，规则对称的造型，有助于生成庄严而端庄的内部空间；而不规则的非对称造型，则有助于形成活泼而轻松的内部空间。

与此同时，空间的形式也会影响建筑内部秩序的塑造。纵向狭长的空间，有利于形成人流导向，可以将人们引向主要空间；方形或近似方形的空间，有助于人流的稳定，可以使人们在其中聚集。在公共建筑的主要使用部分之间、辅助使用部分之间以及主要使用部分和辅助使用部分之间，都需要通过交通联系部分来衔接。交通联系空间的配置是否合理、交通联系是否方便与明晰，都直接影响到公共建筑的使用满意度，通过交通空间在高度、宽度、造型等方面的策划来加强流线的引导，这是提升建筑品质的重要手段。

六、建筑技术与经济

公共建筑的空间和体形，通常受制于结构、设备等工程技术条件。自钢筋混凝土和钢材运用于建筑生产开始，建筑技术与造型艺术相较以往就有了较大的突破。框架结构体系帮助建筑获得连续贯通的内部流动空间，帮助建筑获取相映成趣的外部虚实形象；空间结构体系可以帮助建筑获得通畅开阔的大跨度空间，帮助建筑获取丰富多彩的外部造型。

公共建筑的经济分析，主要涉及使用面积系数和建筑体积系数等两个指标。在满足建筑使用要求的前提下，在合理地进行结构选型的基础上，建筑的使用面积系数越大、单位有效面积的体积越小，则建筑的经济性就会越好。

七、未来建设与拓展

科技的进步推动着社会的发展。随着新技术的出现与应用，人们的生活节奏也呈现出加快的趋势。汽车保有量的不断攀升、建筑新设备类型的出现，等等，这些变化必然会对公共建筑的内部和外部空间提出新的要求。通常而言，公共建筑的设计使用年限会在五十年以上，这也就要求设计师在处理这类设计时，应具有前瞻性思考，要为公共建筑的未来发展留出足够的空间和余地。只有具备这样的素质，我们才有可能使公共建筑在其使用寿命内跟上社会发展的需求，保持其在寿命周期内的先进性和适用性。

第三节　案例

下面通过九个案例来讲解公共建筑设计的原理与方法。

案例一

朝气华年

——"双减"背景下的元宇宙生态校园设计

团队成员： 杨萌、陶佳

设计说明： 此设计旨在积极营造丰富的室内外空间，重建人与自然的连接，在发展智能化与数字化校园的同时为学校与社区分时共享校园创造条件。在中小学建筑设计规范的要求下，从总平面的场地分析入手，确定主、次入口与建筑功能布局；建筑内部由北至南设置教室与风雨操场，以大露台的形式加强建筑与操场的沟通。

PART 1　前期分析

前期分析

宜将主入口放至北侧绿化带处,并使后者成为入口缓冲区;

次入口放至西侧,仅供机动车出入。

开辟局部通风廊道,节约能源。操场宜以南北长轴方向放置在临路喧闹的场地西侧,建筑物放在邻居民楼安静的东侧。

武汉某高校附属小学地块建设改造

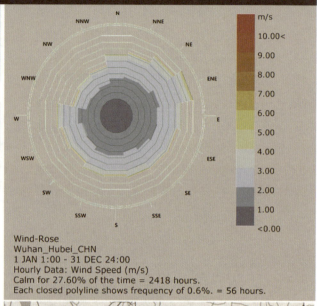

Wind-Rose
Wuhan_Hubei_CHN
1 JAN 1:00 - 31 DEC 24:00
Hourly Data: Wind Speed (m/s)
Calm for 27.60% of the time = 2418 hours.
Each closed polyline shows frequency of 0.6%. = 56 hours.

PART 2 设计主题

设计说明

此设计旨在积极营造丰富的室内外空间，重建人与自然的连接；在发展智能化与数字化校园的同时为学校与社区分时共享创造条件。

设计思路

在中小学建筑设计规范的要求下，从总平面的场地分析入手，确定主、次入口与建筑功能布局；建筑内部由北至南设置教室与风雨操场，以大露台的形式加强建筑与操场的沟通。

打造舒适元宇宙生态校园

总平面图 1:500

绿色校园打造

校园进行生态环境打造；

包含屋顶绿化、平台绿化、绿化设施建设以及周边公园打造；

保障室内见到绿、出门感受绿，营造良好的生态环境；

推进学生与自然和谐相处，营造教育氛围。

为"双减"课后服务时间提供更好的环境基础

元宇宙教学理念促进更高效的提升

多层次活动场所建设

校园活动空间的多样性打造；

空间充满趣味与层次感，利用垂直高差形成多个活动空间；

通过空间的变化增强户外活动的趣味性；

室内营造多样化的学习空间，为智能化设施配备提供环境。

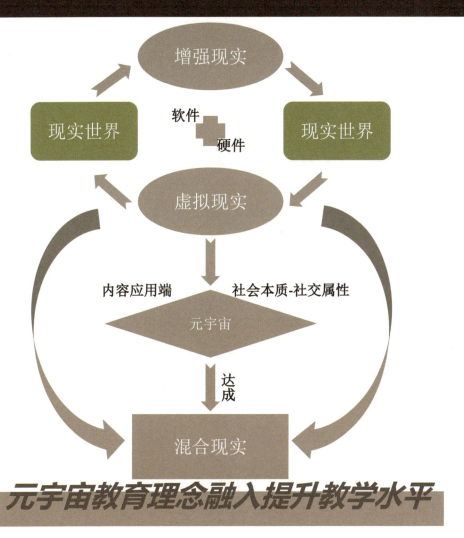

元宇宙教育理念融入提升教学水平

元宇宙教育——智能设备、跨空间交流

对教育来说，元宇宙可以打破教育的时间和空间的边界，实现传统教育模式的升级和教学资源的平衡，最终让终身学习、跨学科学习、循环学习以及人机交互学习成为可能。

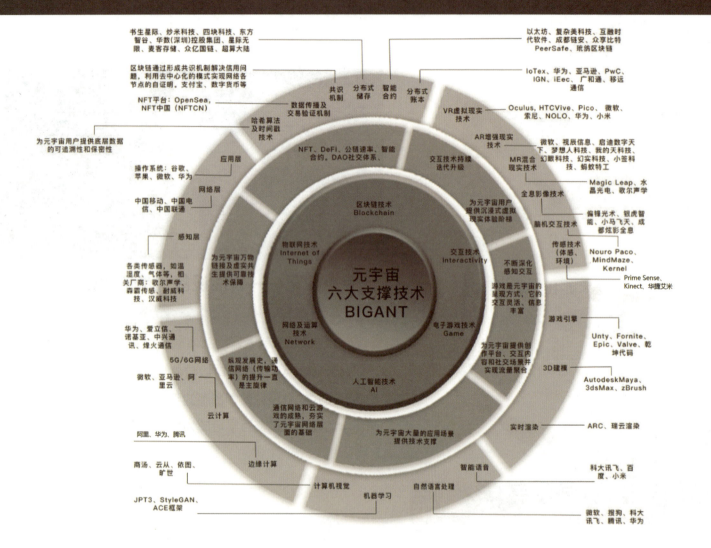

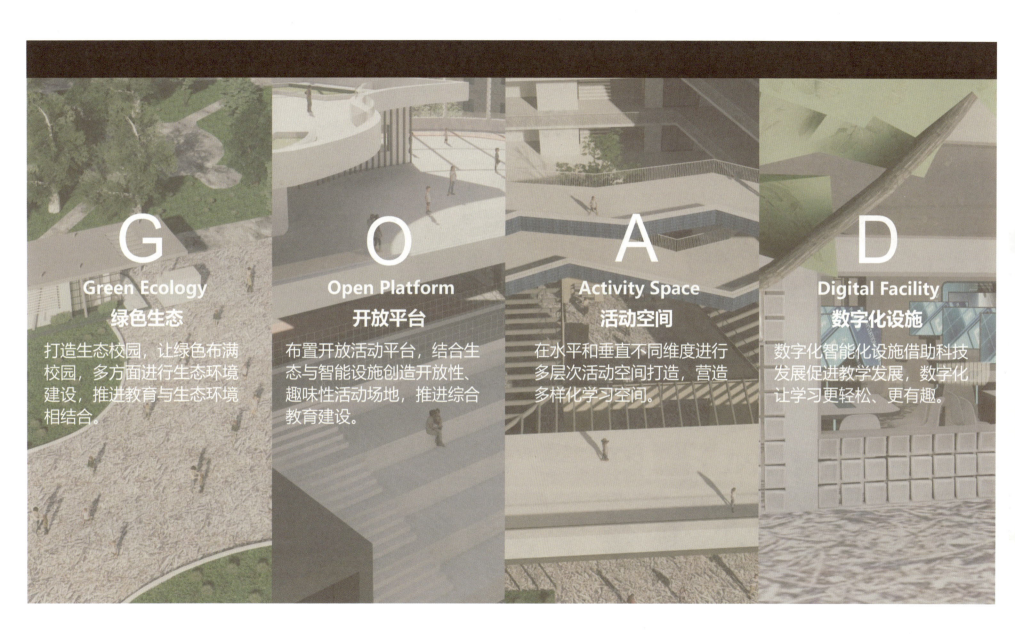

G
Green Ecology
绿色生态

打造生态校园，让绿色布满校园，多方面进行生态环境建设，推进教育与生态环境相结合。

O
Open Platform
开放平台

布置开放活动平台，结合生态与智能设施创造开放性、趣味性活动场地，推进综合教育建设。

A
Activity Space
活动空间

在水平和垂直不同维度进行多层次活动空间打造，营造多样化学习空间。

D
Digital Facility
数字化设施

数字化智能化设施借助科技发展促进教学发展，数字化让学习更轻松、更有趣。

PART 3　方案分析

建筑体块分析

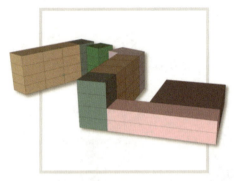

体块形成说明

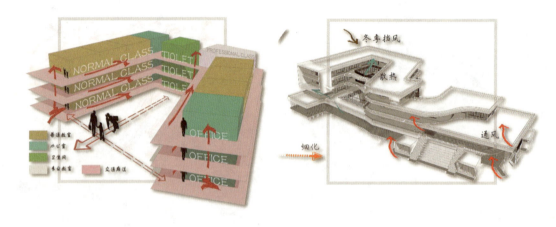

将教学空间集中在U形区；以延伸平台的形式连接教学区与风雨操场运动场所，并形成半室外活动场地与观景平台，丰富学生的室外活动空间。

场地风向日照分析

功能分析

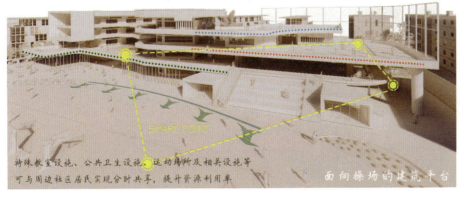

特殊教室设施、公共卫生设施、运动场所及相关设施等与周边社区居民实现分时共享，提升资源利用率。

特殊教室设施、公共卫生设施、运动场所及相关设施等可与周边社区居民实现分时共享，提升资源利用率。

一层平面图

一层由于采光原因布置多功能教室及行政办公用房；

多功能教室为较少使用的美术室、计算机房等，同时智能化设施配备完善；

利用建筑的转折变化营造丰富的室内外空间，打造丰富的庭院与运动场空间；

建设特色活动场所，满足师生间的社交需求，重视学生综合素质的培养。

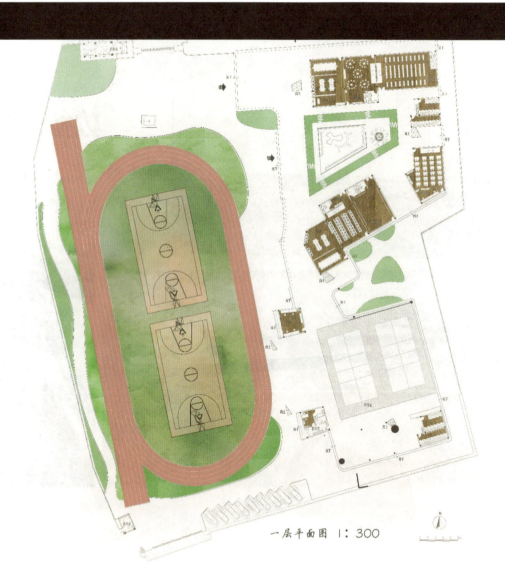

一层平面图 1：300

各层平面图

各层平面考虑采光布置教室;

通过平台的渐退打造整体的建筑层次;

形成视野多样变化的走廊进行交通连接。

二层平面图 1:300　　三层平面图 1:300　　四层平面图 1:300

立面和剖面

建筑立面展示多样的活动空间；

建筑剖面展示建筑的具体结构。

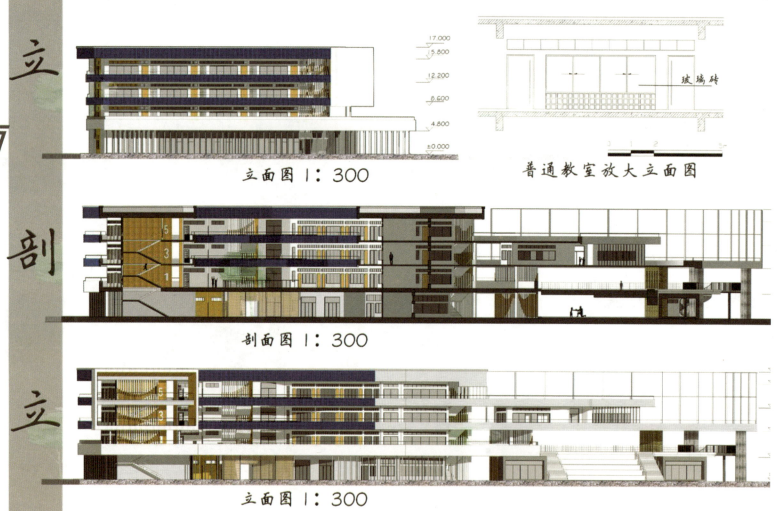

立面图 1:300

普通教室放大立面图

剖面图 1:300

立面图 1:300

局部透视

各处活动廊道及活动平台的透视展示

二层舞台

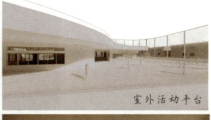
室外活动平台

建筑主次入口

非交通功能活动廊道

交通功能活动廊道

三层观景平台

学校次入口

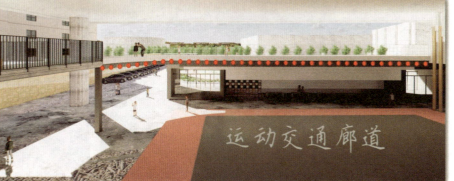
运动交通廊道

1 多样化的活动设施

2 改变空间形态

3 丰富多彩的课外活动

4

案例二

邻荫·聆音

——元宇宙时代智慧校园设计

团队成员：王宸烁、周睿彬

设计说明：本设计利用元宇宙"区块链、交互、电子游戏、人工智能、网络及运算、物联网"六大支撑技术，紧扣"持续、同步、包容、经济、延伸"五个关键词，希望实现"活力、科技、生态"三大目标，最终建成一个孩子们"智慧、智学、智享"的天堂。

PART 1　设计主题

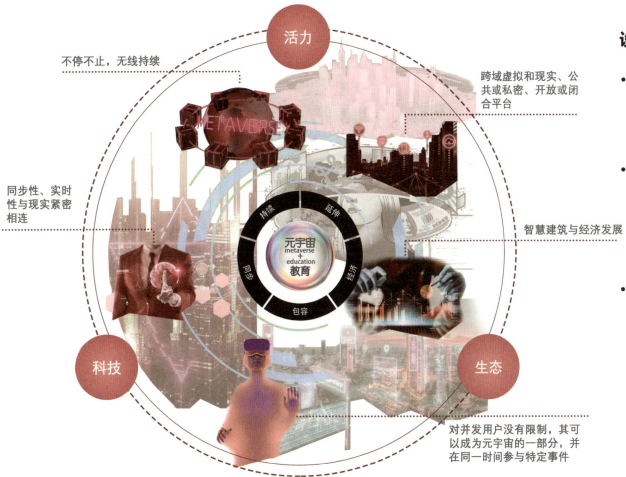

设计主题1——元宇宙+教育

- 本设计利用元宇宙"区块链、交互、电子游戏、人工智能、网络及运算、物联网"六大支撑技术
- 紧扣"持续、同步、包容、经济、延伸"五个关键词
- 希望实现"活力、科技、生态"三大目标
- 最终建成一个孩子们"智慧、智学、智享"的天堂

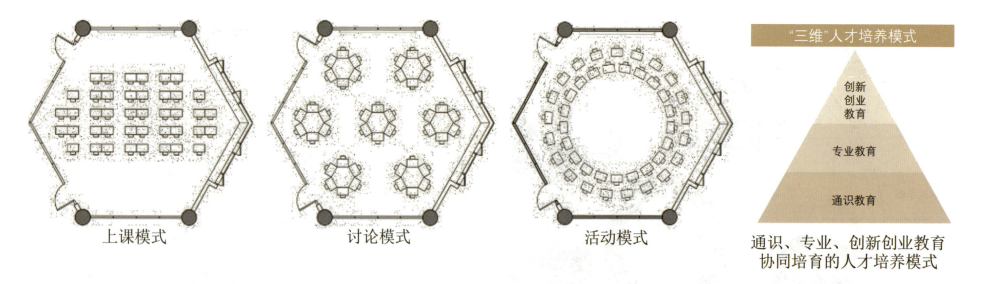

设计主题2——"双减"政策+"三才"培养

- "双减"政策下，<u>通识教育、专业教育、创新创业教育</u>的三维人才培养需求让课堂不再是老师的独角戏，而是孩子们畅所欲言的辩论场。这一改变对空间提出了新的要求。

- 本设计独创性地采用了<u>六边形</u>为母体，提升了空间的可塑性，孩子们可以推动桌椅创造不同的活动空间。<u>三种课堂模式</u>可以给教学带来无限可能。

设计主题3——绿色生态+活力校园

- 小学生是<u>最具朝气</u>、<u>最有活力</u>的一类人群，同时也天然具有<u>亲自然性</u>。我们的小学校园设计在竖直方向上营造<u>多层次</u>的绿化空间，为小学生提供充足的活动场所。

- 物联网技术下的智能喷灌系统根据温度、湿度为植物补水灌溉，让校园的绿色永驻。

中庭枯山水

小花园

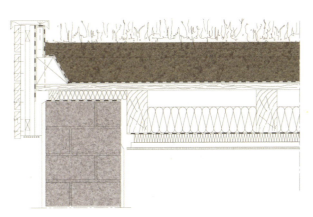

平台覆土结构示意图

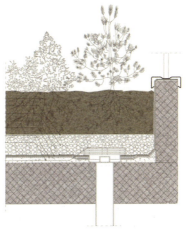

屋顶花园覆土示意图

PART 2 技术路线

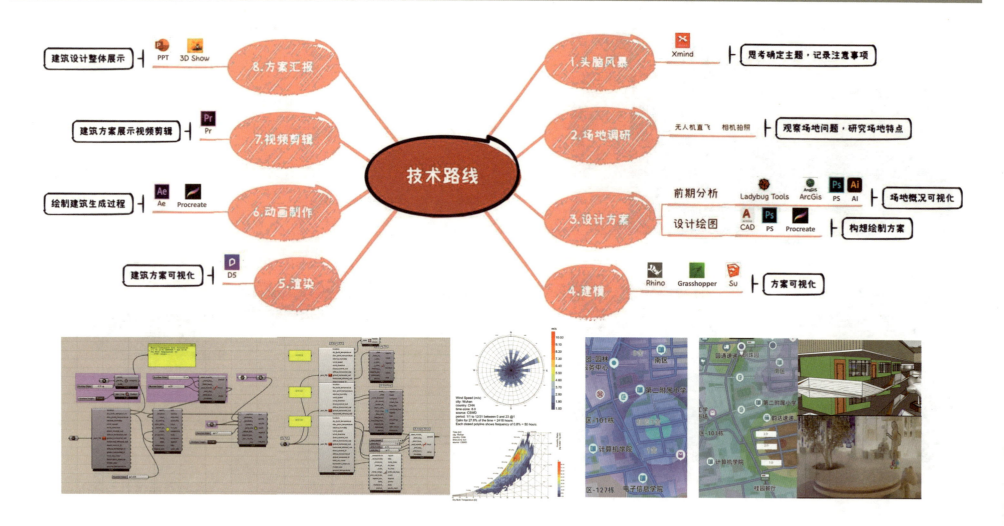

PART 3　方案展示

总平面图

01　建筑主体方案展示

首层平面图

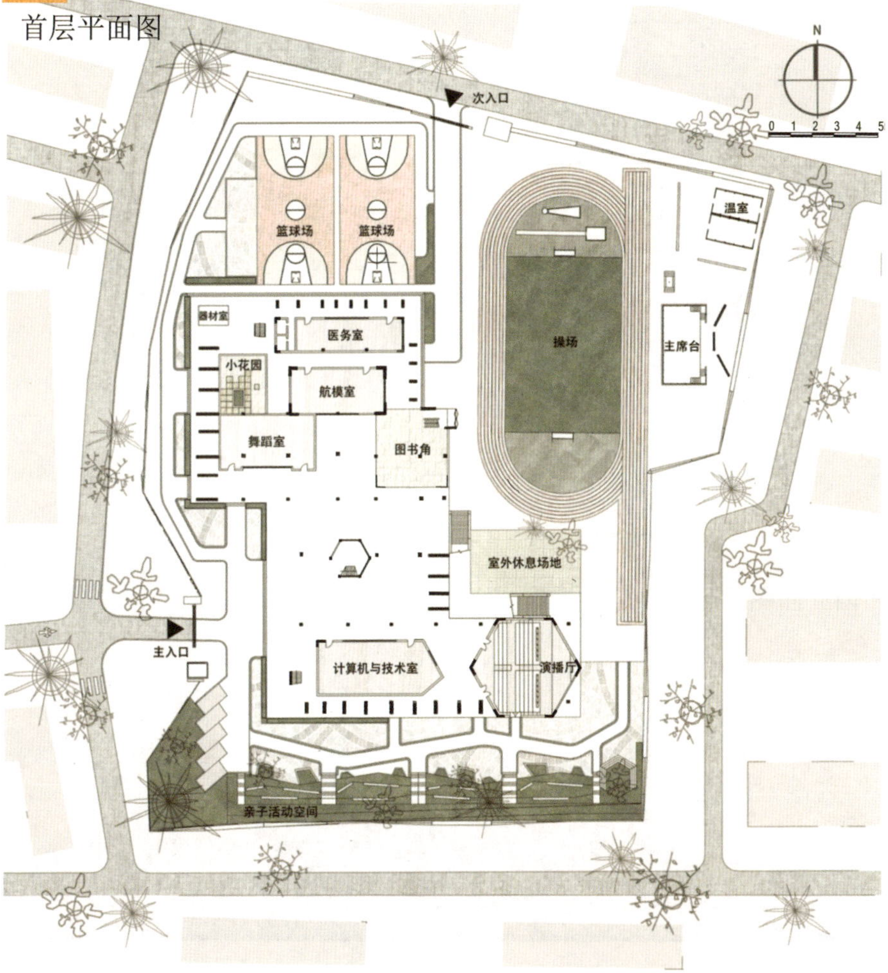

二层平面图　　　三层平面图　　　四层平面图　　　屋顶平面图

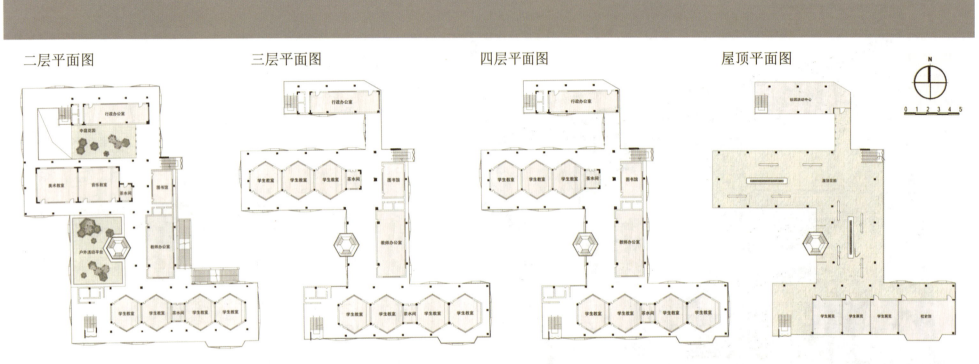

西立面图

东立面图

02 景观设计方案展示

立面设计

- 小学的立面设计应当突出对于小学生的<u>吸引力</u>，本立面设计取灵感于小孩子们爱吃的<u>糖果</u>，运用<u>鲜艳的色彩</u>激发孩童强烈的好奇心。

路线设计

- <u>亲子活动角</u>与<u>校园环路</u>的设计都与主题呼应，将立面意象抽取再加工，生成颇具趣味的台地景观与廊架。

PART 4 效果展示

01 功能用房与教室展示

教室室内效果图

航模室室内效果图

计算机与VR教室室内效果图

舞蹈房室内效果图

02　外部空间与景观展示

二层平台效果图

走廊空间效果图

校园环道效果图

屋顶花园效果图

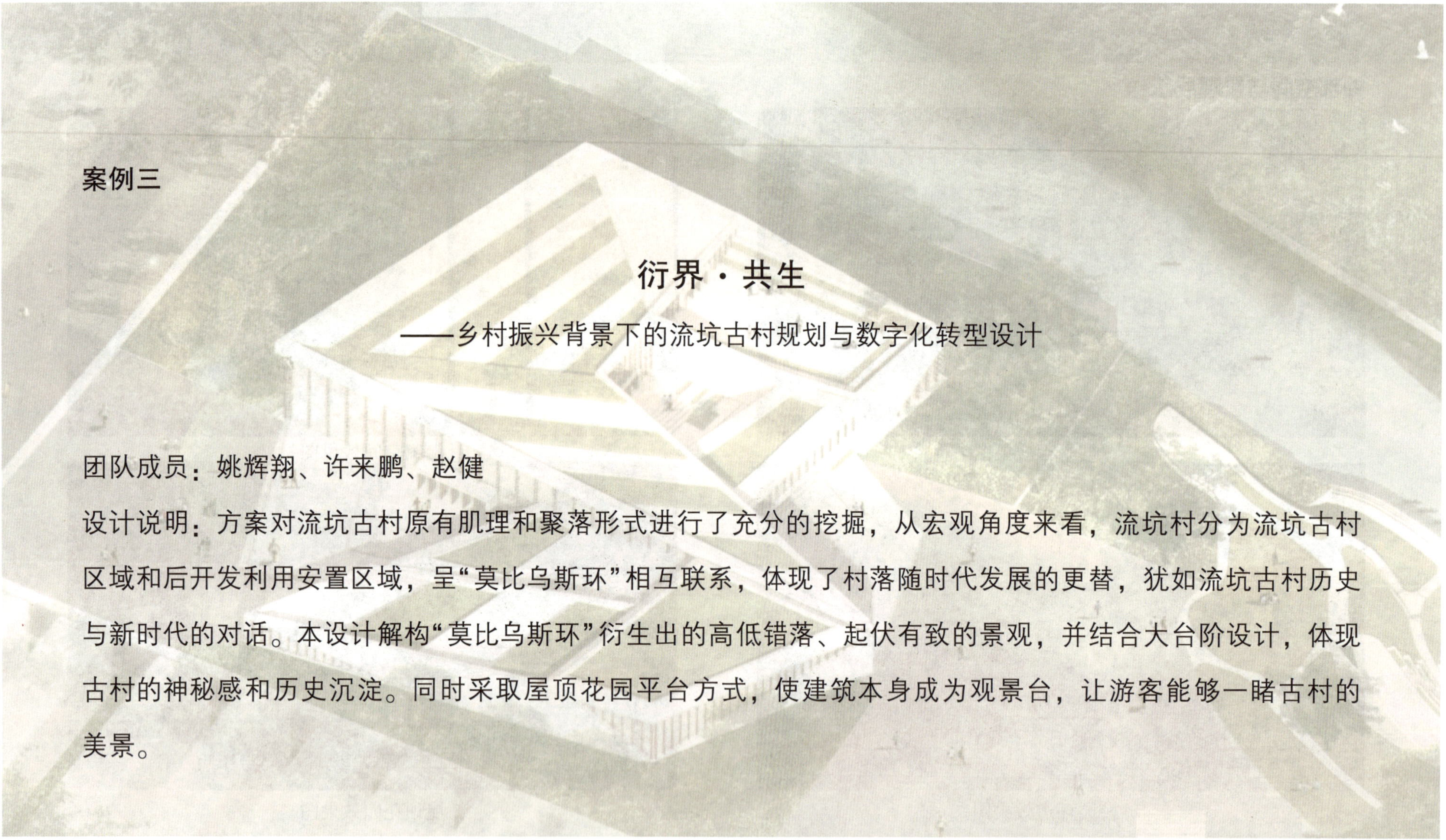

案例三

衍界·共生

——乡村振兴背景下的流坑古村规划与数字化转型设计

团队成员：姚辉翔、许来鹏、赵健

设计说明：方案对流坑古村原有肌理和聚落形式进行了充分的挖掘，从宏观角度来看，流坑村分为流坑古村区域和后开发利用安置区域，呈"莫比乌斯环"相互联系，体现了村落随时代发展的更替，犹如流坑古村历史与新时代的对话。本设计解构"莫比乌斯环"衍生出的高低错落、起伏有致的景观，并结合大台阶设计，体现古村的神秘感和历史沉淀。同时采取屋顶花园平台方式，使建筑本身成为观景台，让游客能够一睹古村的美景。

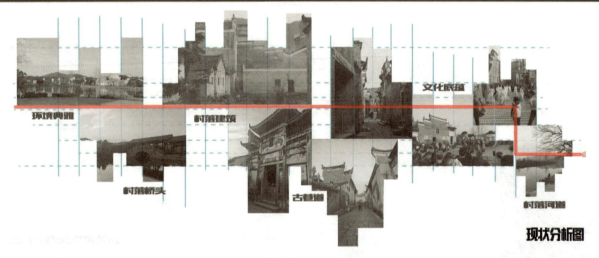

流坑村呈现出典型的河谷盆地结构，三面临水，四周有青山环绕，位于乌江与河谷丘陵的交接地带。流坑村的空间基本格局为"七横一竖"，植被覆盖率相对较高，且建筑风貌独特，文化底蕴深厚，适合进一步发展和挖掘。

现状分析图

流坑村地形分析图

流坑村水文分析图

流坑村植被分析图

流坑村空间格局现状分析图

场地分析

PART 2 方案介绍

方案效果图 鸟瞰图

瞭望图

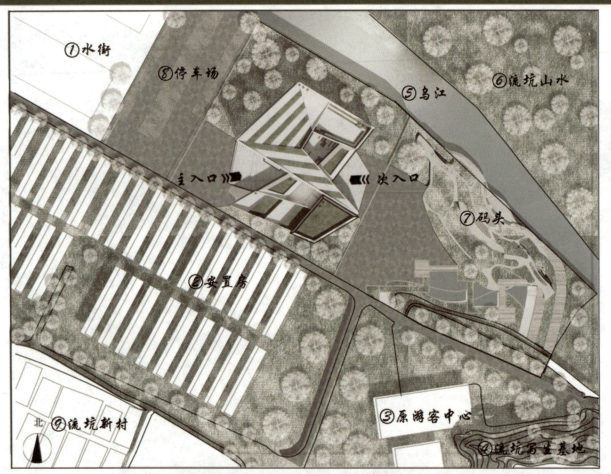

① 水街
⑧ 停车场
⑤ 乌江
⑥ 流坑山水
主入口
次入口
⑦ 码头
② 安置房
③ 原游客中心
④ 流坑写生基地
⑨ 流坑新村
北

总平面图

入口透视图展示

　　方案对流坑古村原有肌理和聚落形式进行了充分的挖掘，从宏观角度来看，流坑村分为流坑古村区域和后开发利用安置区域，呈"莫比乌斯环"相互联系，体现了村落随时代发展的更替，犹如流坑古村历史与新时代的对话。通过解构"莫比乌斯环"衍生出的高低错落、起伏有致的景观，并结合大台阶设计，体现古村的神秘感和历史沉淀；同时采取屋顶花园平台方式，使建筑本身成为观景台，让游客能够一睹古村的美景。方案设计思路非常独特，巧妙地将古村历史与当代的特点相结合，使游客不仅能够了解古村的历史文化，还能够享受到现代化的旅游设施带来的便利和愉悦。

　　除此之外，方案还贯穿了展览动线和观景动线，提供了特别的体验，增加了游客与环境的互动，使游客能更好地融入古村的历史和文化之中。同时，方案也注重环境保护，运用大量的绿色建筑主动和被动式技术策略，通过对建筑外墙、屋顶和地面等进行绿化和节能改造，极大降低了建筑能耗，助力乡村绿色发展，以最大限度地减少发展对自然环境的影响，保障了古村的文化和自然资源得到有效保护和传承。可以说，方案既考虑了旅游开发的实际需求，又尊重了当地文化和环境的价值，具备较高的可行性和可持续性。

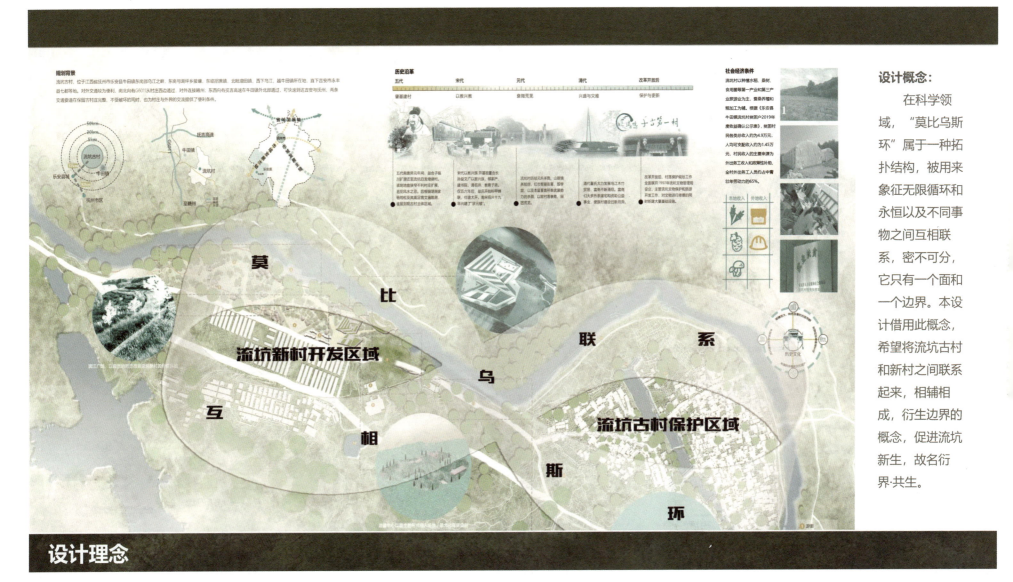

设计理念

设计概念：

在科学领域，"莫比乌斯环"属于一种拓扑结构，被用来象征无限循环和永恒以及不同事物之间互相联系，密不可分，它只有一个面和一个边界。本设计借用此概念，希望将流坑古村和新村之间联系起来，相辅相成，衍生边界的概念，促进流坑新生，故名衍界·共生。

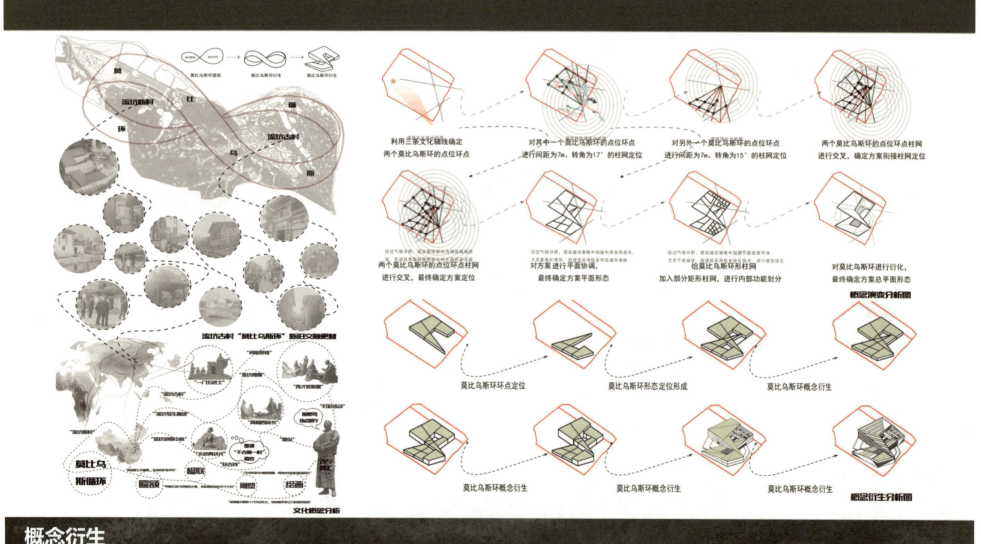

概念衍生

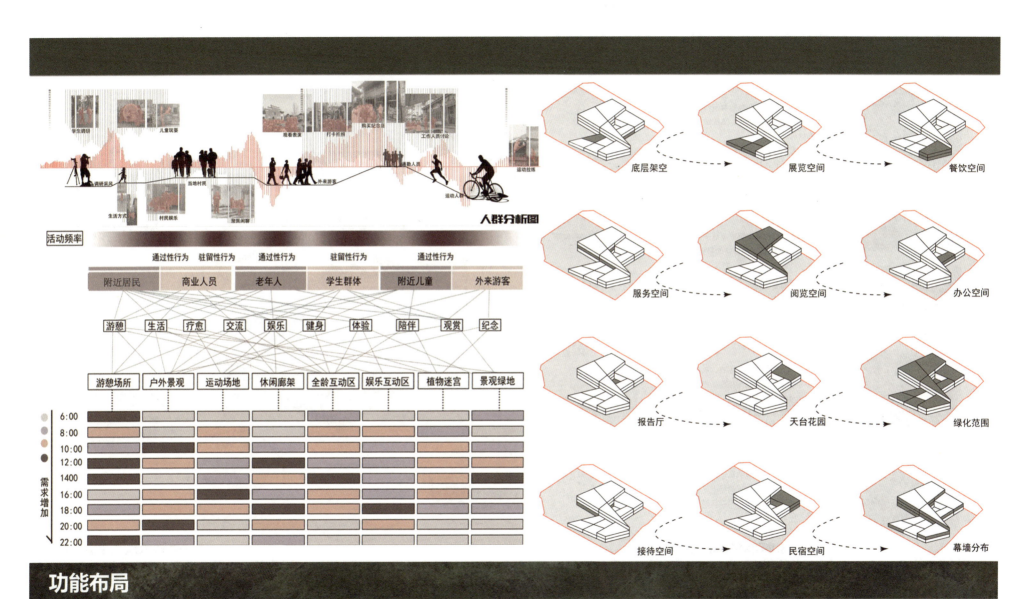

绿建技术

当地可利用材料选取

黑瓦

黑瓦是江西乡土民居的典型特征，具有易取材、易加工、重量轻、结构结实、耐腐耐火的特点。

场地周边倒塌的老房子中，完整性高、强度满足要求的瓦片可回收进行再利用。

青砖

青砖是当地经典建材，透气性强、吸水性好，耐磨损，万年不腐。

场地周边有许多倒塌的老房子，可对其中的青砖进行挑选，完整性好的可再利用。

木材

木材具有重量轻、弹性好、耐冲击、纹理色调丰富美观、加工容易的特点。

场地周围有大量可利用的木材，主要来自倒塌的房屋与当地树林。

青石

青石质地密实，强度中等，易于加工，可采用简单工艺凿割成薄板或条形材，是理想的建筑装饰材料。

场地道路多由青石铺砌而成，翻新过程中会产生大量可利用的青石。

竹材

竹材质轻，纤维直而密，有一定的强韧性和弹性，加工方便，定型后不易变形。

场地周围有大量可利用的竹材，其主要来源是村落边的竹林。

绿色建筑技术的运用

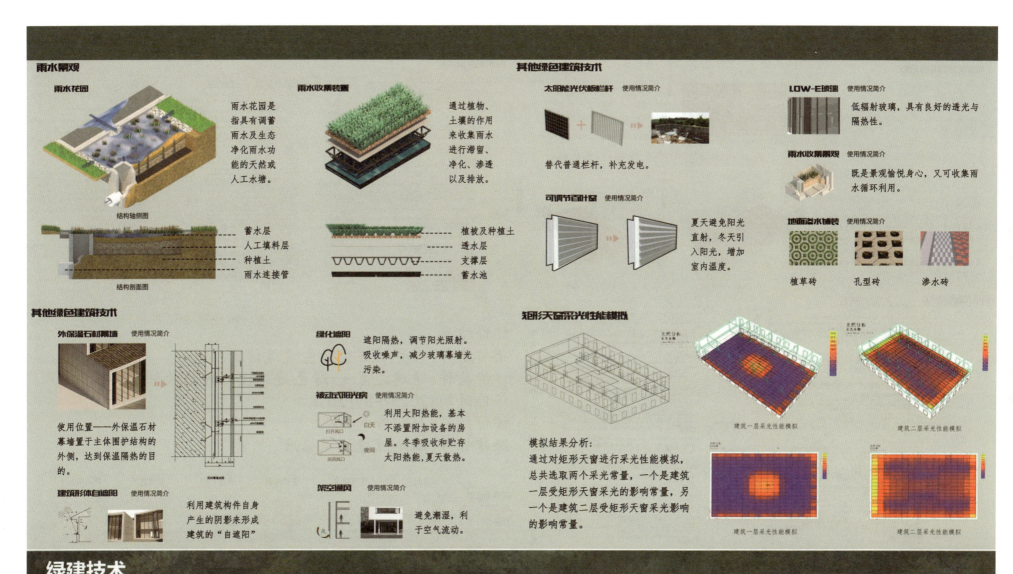

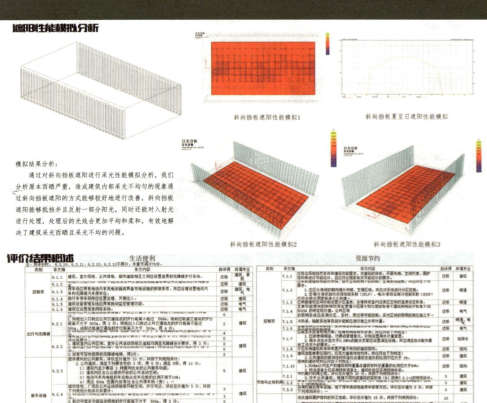

遮阳性能模拟分析

模拟结果分析：
通过对斜向挡板遮阳进行采光性能模拟分析，我们分析原本西晒严重，造成建筑内部采光不均匀的现象通过斜向挡板遮阳的方式能够较好地进行改善，斜向挡板遮阳能够抵挡并且反射一部分阳光，同时还能对入射光进行处理，处理后的光线会更加平均和柔和，有效地解决了建筑采光西晒且采光不均的问题。

评价结果

项目名称：衍界·共生绿色建筑评价结果
评价软件：绿建之窗——绿色建筑设计评价软件V5.0
评价时间：2023年8月20日
评价结果：71.1分
绿建标准：满足绿建二星标准

	安全耐久	健康舒适	生活便利	资源节约	环境宜居	提高与创新
控制项应达…	8	9	6	10	7	○
自评达标项数	8	9	6	10	7	○
预评价分值	100.0	100.0	70.0	200.0	100.0	100.0

绿建技术

一层平面图　爆炸分析图

技术图纸（1）

二层平面图   三层平面图

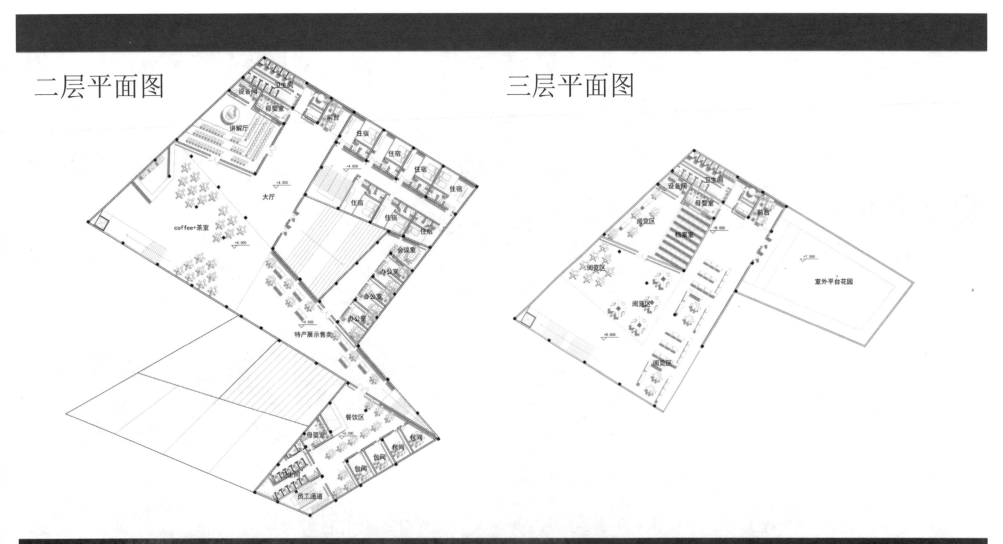

技术图纸（2）

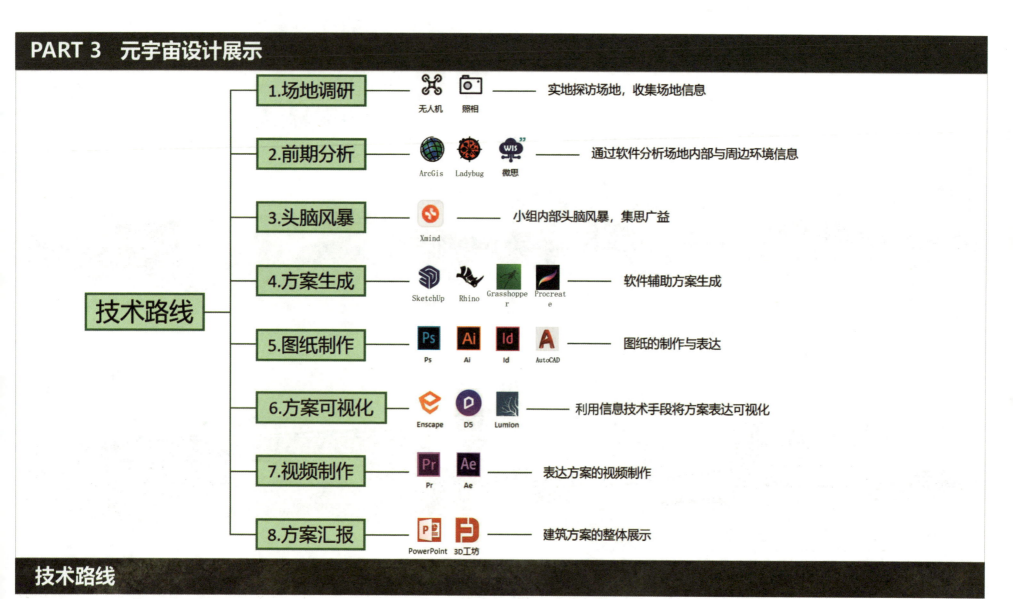

操作过程 | 软件渲染操作 | 软件建模操作 | 大数据分析 | 物理模拟分析

VR实时观看　元宇宙展厅二

元宇宙展厅一

元宇宙展厅三

元宇宙设计展示·云展厅

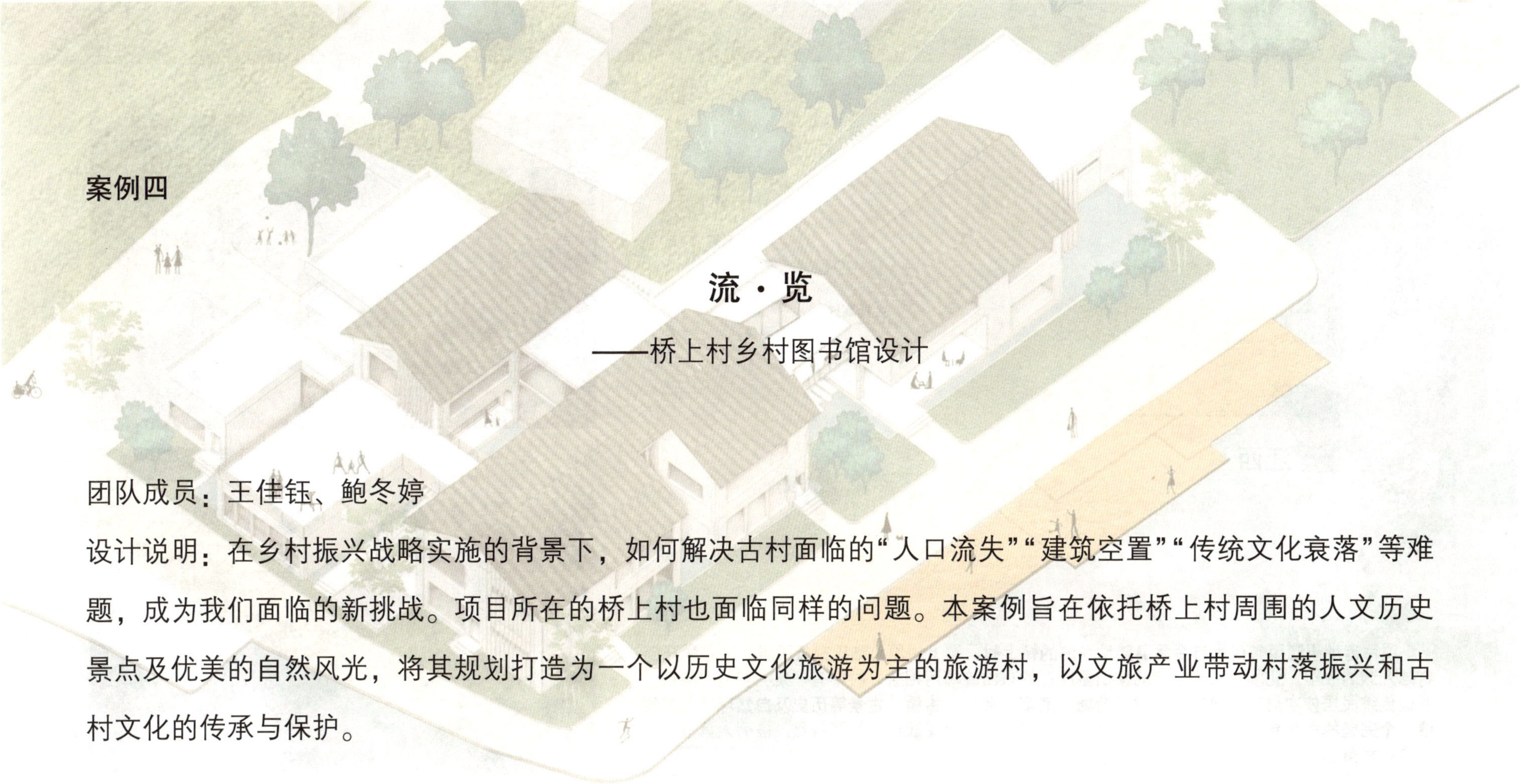

案例四

流·览
——桥上村乡村图书馆设计

团队成员：王佳钰、鲍冬婷

设计说明：在乡村振兴战略实施的背景下，如何解决古村面临的"人口流失""建筑空置""传统文化衰落"等难题，成为我们面临的新挑战。项目所在的桥上村也面临同样的问题。本案例旨在依托桥上村周围的人文历史景点及优美的自然风光，将其规划打造为一个以历史文化旅游为主的旅游村，以文旅产业带动村落振兴和古村文化的传承与保护。

PART 1 项目背景

项目选址于**江西省抚州市金溪县陆坊乡内的桥上村**。桥上村原为陆氏家族所居，是心学开创者陆九渊的故里。北临青田河，与陆象山墓所在的东山岭隔河相望。村中有一条完整的古巷道，两边传统民居依次排布，**建筑与古树、荷塘、清溪、河道、古桥、古景等历史及自然环境共同构成一个完整的古村界面。**周边有龚氏祠堂、陆九渊之墓、金溪战役旧址等景点，被列入第五批中国传统村落名录。

PART 2　场地分析

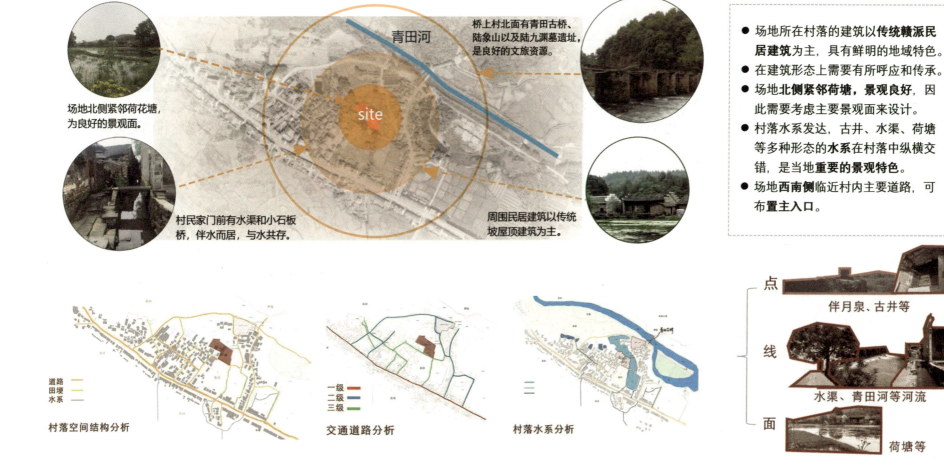

PART 3　设计理念

■ 现状问题

在乡村振兴战略实施的背景下，如何解决古村面临的"**人口流失**""**建筑空置**""**传统文化衰落**"等难题，成为我们面临的新挑战。项目所在的桥上村也面临同样的问题。本案例旨在依托其周围的人文历史景点及优美的自然风光，将该村规划打造为一个以历史文化旅游为主的旅游村，**以文旅产业带动村落振兴和古村文化的传承保护**。而拟建的图书馆则是服务于前来游玩的城市游客或游学的专家学者、艺术爱好者等，为他们打卡休闲、了解古村文化提供场所；更是希望为当地原住居民提供阅览、娱乐等活动及就业机会，改善古村的文化教育和就业环境。

■ 概念引入

将村庄的重要景观特色——水，作为了解村庄的媒介。以水为界，以水为景，营造"抬眼便是水，沿水漫步"的丰富体验。

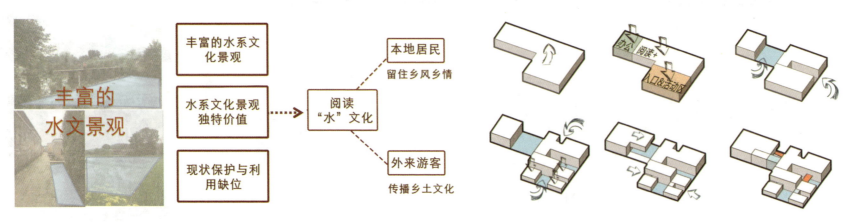

PART 4　功能流线组织

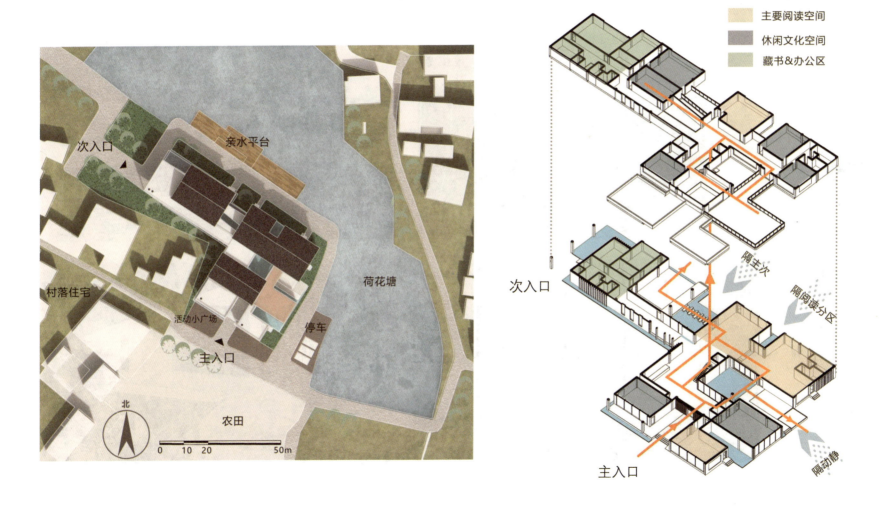

■ 丰富多元的
　　阅读空间

室内开放阅读空间

望水景

室内/外廊道空间

开放讨论

半室外和室外阅读空间

和自然接触

084

■ **丰富多元的阅读体验**

1.数字图书馆建设

2.数字文化展厅

PART 5 总平面及各层平面图

总平面图

各层平面图

一层平面 1:200

二层平面 1:200

PART 6　立面造型

南立面　　　　　　　　　　　　　　　　　　　　　　　　　东立面

- 竖向格栅/白墙/灰砖墙面 材质的变化
- 传统民居坡屋顶的形式

北立面　　　　　　　　　　　　　　　　　　　　　　　　　西立面

- 视线通透、形式统一的玻璃幕墙
- 整体色彩与民居建筑统一

PART 7 空间效果展示

入口大厅处透视效果图

临水半室外活动空间效果图

景观水池及室外连廊效果图

二层走廊讨论空间透视图

案例五

疗愈孤独的乌托邦
——基于"四维共生"理论的老旧社区老年活动中心设计

团队成员：刘奇炜、韩如芸、郑宇聪、顾笑言

设计说明：本设计围绕打破孤独的核心概念展开。分别从老年人生理属性和社会属性两个维度展开构思，提出了空间共享、立体生态和适老化空间三种设计策略回应核心议题。设计者希望在这个为老年人打造的乌托邦空间，所有的居民都能充分感知自然、享受交流，让空间成为对抗孤独的武器。

PART 1　区位分析

项目简介

基地位于湖北省武汉市某高校社区内，是20世纪90年代建成的老旧居民区。场地所在地块地势相对平坦，周边没有明显的高差，道路通过性较弱，可达性较强。

场地周边建筑物密集，居民楼、食堂、幼儿园交织，人流复杂，道路多为社区内部道路，路面狭窄、不够平整。

气候分析——风玫瑰图

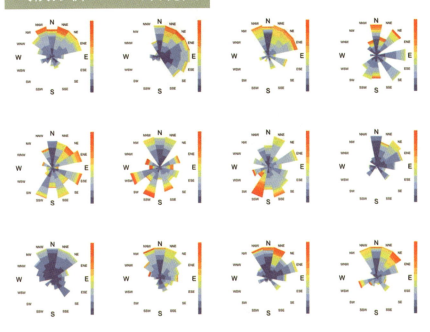

气候分析——场地焓湿图

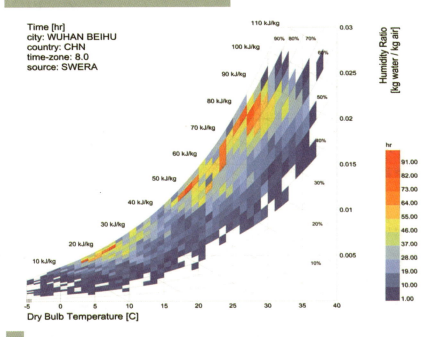

通过场地风环境分析，可得知每年有3个月多风，年风速变化比较平稳，适宜南北通透式开窗，可利用玻璃幕墙结合开窗营造良好的内循环风环境。

通过场地焓湿分析，可得知湿度有极大的季节性变化，建筑立面适宜选择防潮性能良好的材料，屋顶适宜做防水和集水处理。

PART 2 场地现状

现状分析

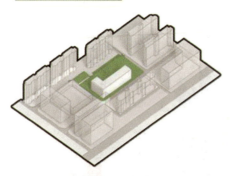

场地绿化分布

■ 场地绿化分布

场地原本绿化覆盖全面，但是由于长时间缺乏修缮，整体绿化难以与居民产生互动，反而给社区美观带来了一定破坏。

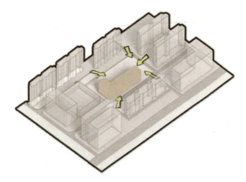

场地流线分布

➤ 人行流线

由于场地位于社区中部，被居民楼三面环绕，因此周围人行动线主要从南面、东面、北面进入场地。

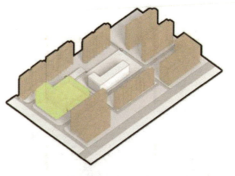

社区功能分布

■ 社区公共区　■ 社区私人居住区

场地位于某大学的居民区内，南、北、东三面被居民楼环绕，场地西侧为社区食堂。

需求研判

居民活动组织
- 非常满意 15.7%
- 基本满意 42.3%
- 不满意 42.0%

社区基础设施
- 非常满意 60.4%
- 基本满意 25.5%
- 不满意 14.1%

社区绿化环境
- 非常满意 9.7%
- 基本满意 45.5%
- 不满意 44.8%

PART 3 项目简介——概念引入

问题聚焦

> 现在的年轻人忙，没时间看望我们老人家，我们整天待在家里啥事都做不了，最多就每天傍晚去附近的天文台公园走走。

> 现在不像以前住在农村啦，一个村里几十户人家都认识。现在住城市里，周围住了哪些人都不知道，更别说打牌娱乐了。

> 疫情一来，原来的社区活动中心全都封闭了，以前还能去那里唱唱戏、搓搓麻将，现在哪都去不了。

不感到孤独 **14.7%** ····孤独···· **85.3%** 中轻度孤独

- 性别（内生因素）
- 年龄（内生因素）
- 文化程度（内生因素）
- 居民活动（外生因素）
- 独居（内生因素）
- 生活环境（外生因素）
- 身体健康（内生因素）
- 基础设施（外生因素）

理念引入

四维疗愈，智慧共生

心理疗愈，基于"人性心理学"和环境心理学理论，在空间中形成适合老年人心理需求的场所，划分共享层级。

绿色疗愈，在建筑中构建绿色立体生态，让景观植物分布在每一个空间，用视觉上的绿色营造温馨舒适的精神感受。

无障碍疗愈，为适应老年人需求，建筑做无障碍和适老化处理，每一个空间都具有充分可达性，能通过变更使用模式维持正常服务。

数字疗愈，让老年人在社区志愿者的帮助下与互联网接轨，让子女可以远程关注父母活动状况，在元宇宙空间里同下一盘棋。

PART 4 方案表现

体块生成和总平面图

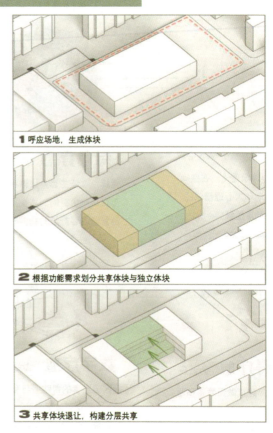

1 呼应场地，生成体块

2 根据功能需求划分共享体块与独立体块

3 共享体块退让，构建分层共享

根据地块形状、人流入口确定体块形状和功能分区，不同层级空间相互渗透，围绕核心共享中庭布置，开放与私密相互结合。

各层平面图

平面布置重点围绕中庭进行，以老年人的活动需求与活动类型特征组织流线、布置空间和安排室内外的活动场地，让老年人在建筑内有连续、完整、舒适、具备多重选择性的活动体验。

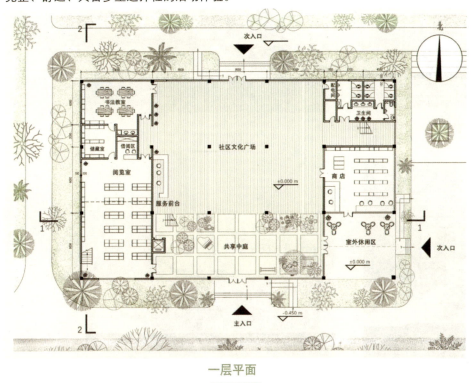

一层平面

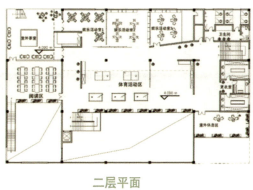

二层平面

三层平面

立面图和剖面图

南立面图

西立面图

剖透视图

东立面图

疗愈孤独的乌托邦

基于老年人生理属性与社会属性的社区老年活动中心设计

设计说明

本设计围绕适老化建筑的特性及建筑场地周围的人群需求为核心展开。作为一个重点服务于老年人的社区型公共建筑，人群适用性、环境适应性、功能可用性是最需要回应的议题。

本设计围绕打破孤独的核心概念展开，从老年人生理属性和社会属性两个维度展开构思，分别提出了空间共享、立体生态和适老化空间三种设计策略回应核心议题。设计师希望在这个为老年人打造的乌托邦空间里，所有的居民都能充分感知自然、享受交流，让空间也能成为对抗孤独的武器。

问题提出

早在2002年，中国便已开始进入老龄化社会，如今中国老龄人口更是突破2.6亿，占总人口数量的18.7%。

根据我们对于目标社区的人群（样本共32人）调研，我们发现在调研对象中，有高达85.3%的老年人感到轻度或中度孤独，仅有14.7%的老年人不感到孤独（采用第三版UCLA孤独量表进行测评分析）。由此可见，缓解老龄人口"孤独"已逐渐成为老龄化社会一个越来越严重的难题。

疗愈孤独的乌托邦

基于老年人生理属性与社会属性的社区老年活动中心设计

概念生成

如果孤独是黑暗的迷雾，那么交流便是照亮孤独的萤烛。如果孤独是汹涌的洪水，那么自然便是摆脱孤独的方舟。

在人性心理学中，中国心理学家郭念锋提出人的本质由"生理属性""社会属性"和"精神属性"三种属性构成，这三种属性彼此辩证统一，相互影响，构成了我们所谓的"人性"。而"孤独感"便属于精神属性的范畴。因此要疗愈老人内心孤独感，则应该从人的另外两个属性——"生理属性"与"社会属性"入手，分析这两个属性下孤独患者的心理需求。并通过可改的"外生因素"契合心理需求，从而达到介入老人的心理状态、疗愈孤独心理的目的。

人性心理学"三属性"理论

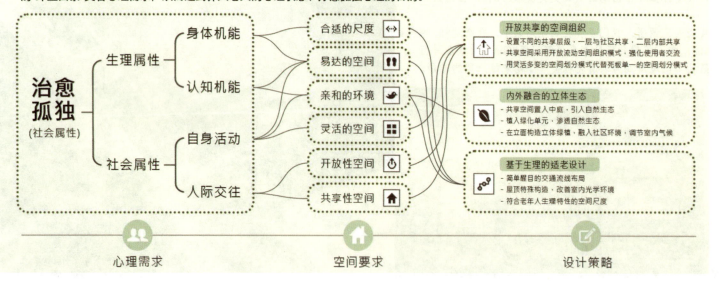

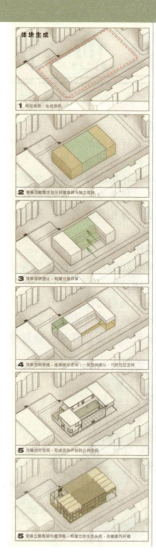

1. 基于生理的适老设计

适老化空间尺度

楼梯剖面
楼梯平面
无障碍坡道平面
坡度 1:12
无障碍坡道剖面
二层走廊平面剖面

光环境改善屋顶

共享空间屋顶详图
1 — 6cm*10cm木板　2 — 10cm 半透明聚碳酸酯

为避免共享空间由于受到阳光直晒导致温度过高，采用双层木板格栅+半透明材料的设计使得太阳在各种材料间不断折射。从而极大地减少进光量，保证温和舒适的光线进入室内。

非共享空间屋顶详图
1 — 漫反射涂层　2 — 普通玻璃

对于采光量不够充足的非共享教室，北向的竖天窗运行经过屋顶漫反射后的南向阳光进入室内，在防止眩光的同时提供温和充足的光线。

2. 开放共享的空间组织

分层级共享

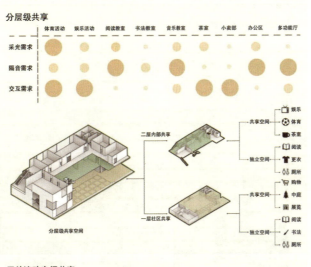

分层级共享空间

开放流动空间共享

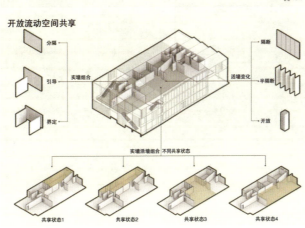

实墙活动组合 不同共享状态

共享状态1　共享状态2　共享状态3　共享状态4

3. 内外融合的立体生态

立面绿化构造

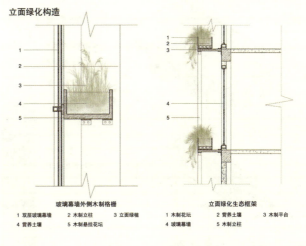

玻璃幕墙外侧木制格栅
1 双层玻璃幕墙　2 木制立柱　3 立面绿植
4 营养土墙　5 木制悬挂花坛

立面绿化生态框架
1 木制花坛　2 营养土墙　3 木制平台
4 玻璃幕墙　5 木制立柱

室内绿化分布

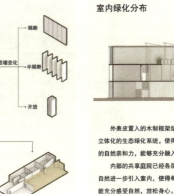

外表皮置入的木制框架结构，为活动中心引入了立体化的生态绿化系统，使得整个活动中心具有足够的自然亲和力，能够充分融入社区、融入环境。

内部的共享庭院已经各层分布渗透的绿化花坛将自然进一步引入室内，使得每一位老人在活动中心都能充分感受自然，放松身心。

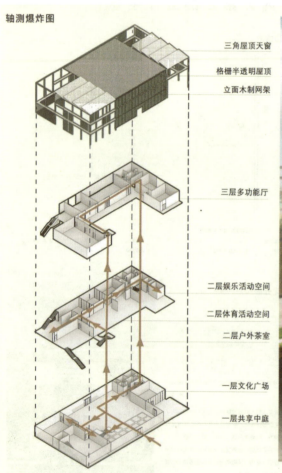

轴测爆炸图

三角屋顶天窗
格栅半透明屋顶
立面木制网架

三层多功能厅

二层娱乐活动空间
二层体育活动空间
二层户外茶室

一层文化广场
一层共享中庭

PART 5　技术路线

建模工作流

天正CAD绘图

SketchUp建模

添加材质

成图工作流

AI绘图

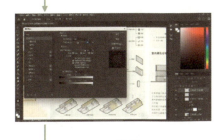

Photoshop绘图

Lumion渲染

成果表现工作流

Lumion漫游视频

PR视频剪辑制作

Office整理成果

PART 6　理念转译

心理疗愈，驱散孤独

　　分层级设置空间，满足不同人群的需求，同时在不同的共享层级之间建立环境引导，让老年人能够更好地融入开放共享的活动环境之中，在与人交往的过程中驱散孤独。

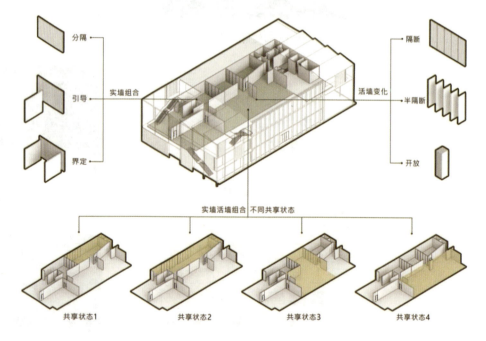

绿色疗愈，环境重塑 — 立体生态绿化

■ 技术原理

立体绿化，即垂直绿化，主要指的是通过充分利用城市地面上部的不同立体条件，选择合适的绿色植物，以人工改造种植的方式改善城市生态环境，通过建筑外立面设计将立体绿化融入其中，利用建筑物以及其他空间结构表面向空中发展绿化的方式。

立体绿化是基于传统的地面绿化提出的新型概念，着重强调三维空间，以多层次、全方位绿化为主要发展方向，即充分利用城市一切可以利用的外立面空间，尽可能地提高城市植物种植面积，为逐步实现宜居型城市发展奠定基础。

■ 技术实例

新加坡皇家公园酒店

意大利"树塔"公寓

上海"天安千树"

绿色疗愈，环境重塑　立体生态绿化

■ 技术使用情况

建筑北侧、西侧、东侧立面绿化框架

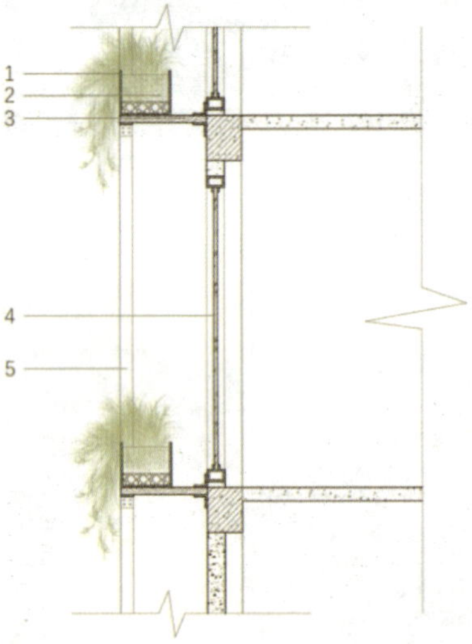

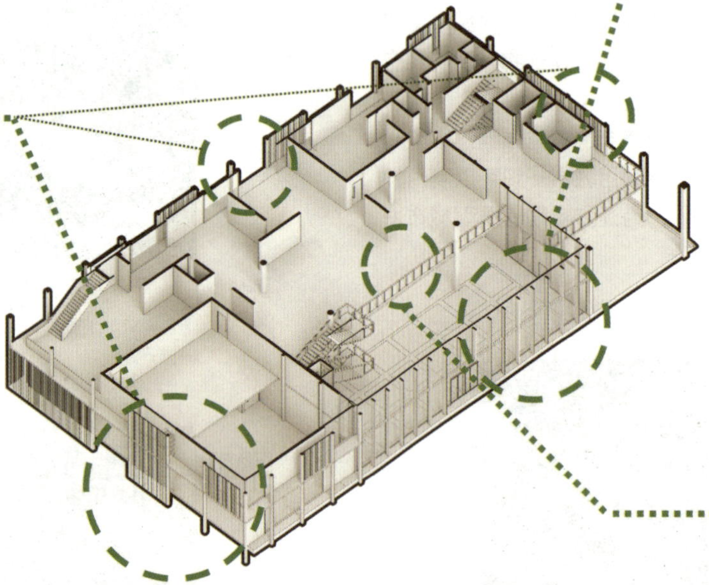

建筑南侧玻璃幕墙立面绿化框架

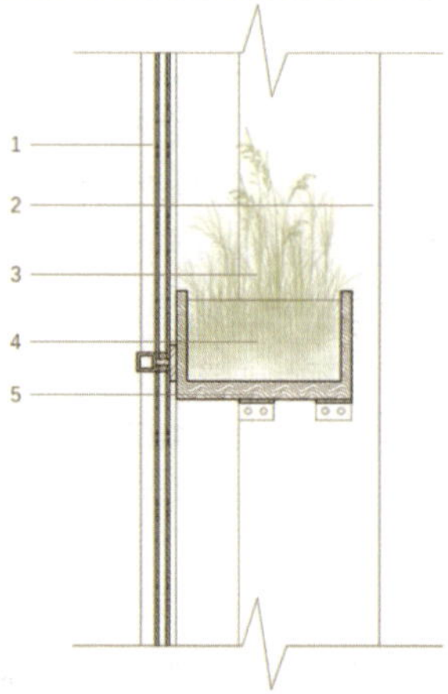

立面绿化生态框架
1. 木制花坛　2. 营养土壤　3. 木制平台
4. 玻璃幕墙　5. 木制立柱

玻璃幕墙外侧木制格栅
1. 双层玻璃幕墙　2. 木制立柱　3. 立面绿植
4. 营养土壤　5. 木制悬挂花坛

二层平面图（局部）

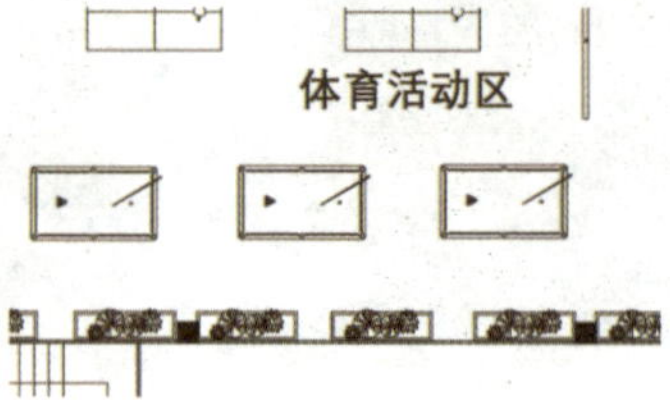

体育活动区

建筑立体生态绿化使用情况主要集中在建筑东、西、北三侧立面的实体框架处；建筑南侧共享中庭玻璃幕墙的实体框架处，共享中庭内各层平面悬挑。

绿色疗愈，环境重塑　立体生态绿化

■ 技术使用效果分析

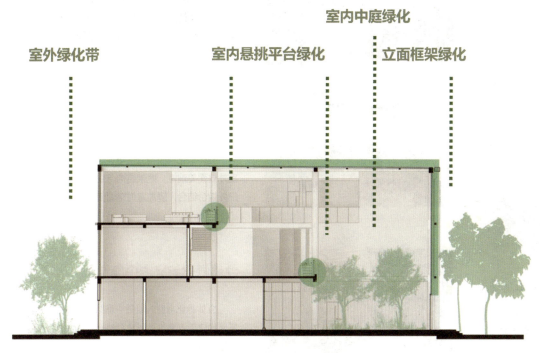

建筑室内外绿化剖面示意图

（标注：室外绿化带、室内悬挑平台绿化、室内中庭绿化、立面框架绿化）

室内外绿化带构成整体绿化系统

建筑立面与室外绿化带和室内中庭绿化形成连续过渡的整体绿化系统，打破室内外边界，将自然环境充分引入室内，为老年人提供舒适宜居、生态自然的活动空间。

为共享中庭提供舒适生态环境

建筑立面绿化系统自然形成遮光屏障，减少阳光直射玻璃幕墙带来的影响，自然调节形成良好光环境。

成为社区的天然绿色氧吧

建筑立面绿化系统在改善室内微气候的同时，也为室外的社区环境起到了净化空气、降低扬尘和噪声、增加绿色生态等作用。

绿色疗愈，环境重塑　**立体生态绿化**

■ **技术结合周围空间使用**

建筑立面绿化效果图

立体绿化与玻璃幕墙结合

　　立体绿化框架与玻璃幕墙配合，两种结构相互支持提高构造稳定性，同时立体绿化能形成天然遮阳幕布以减缓玻璃幕墙带来的阳光直射。

立体绿化与立面墙体结合

　　立体绿化框架与立面墙体配合，增加室外立面美观性；框架结构与立面开窗、户外露台结合，提高室内空间使用舒适度。

立体绿化与室内中庭结合

　　立体绿化与室内退层中庭结合，将各层级绿化引入室内，形成自然舒适的良好中庭环境。

"平疫"结合，无碍有爱

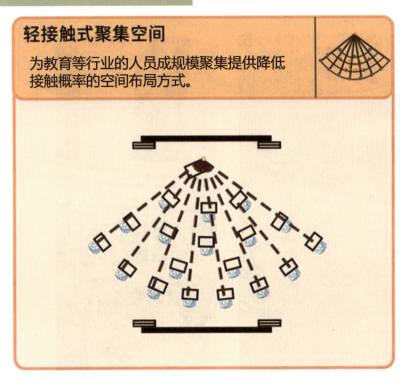

轻接触式聚集空间
为教育等行业的人员成规模聚集提供降低接触概率的空间布局方式。

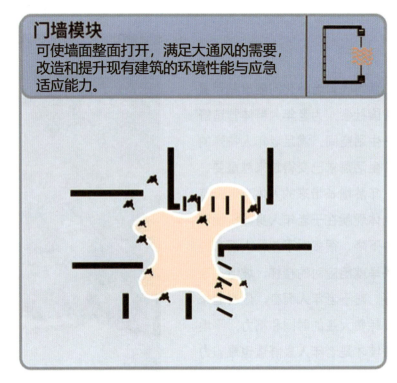

门墙模块
可使墙面整面打开，满足大通风的需要，改造和提升现有建筑的环境性能与应急适应能力。

■ 弹性空间的设置，可以更好地应对各种流行病暴发，"平疫"结合，即便在疫情暴发时期也能维持建筑的基本使用功能，在特殊时期仍能为老年人提供活动场所，帮助他们疏解孤独带来的心理问题。

适老化、无障碍设计

面对人口老龄化问题日趋严重的中国社会，为老年人群体营造舒适的生活空间，满足老年人特殊的日常生活需求已变得越来越重要。

年龄增长带来的人体衰老最直观的体现就在于老年人身体机能和活力下降。很多对于年轻人而言轻而易举就能应对的楼梯、坡道、窄路等，对于老年人而言，应对起来都要耗费大量的时间和精力，平地和缓坡才是老年人最舒适也最省力的交通路线。

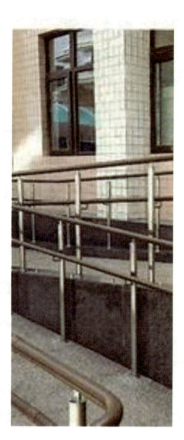

适老化、无障碍设计

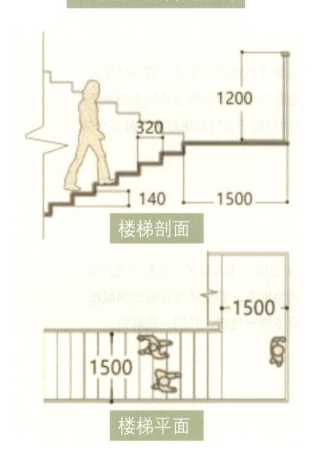

楼梯剖面

楼梯平面

调整楼梯的尺度关系

考虑到老年人的生理特征，调整楼梯的踏步宽度和踢面高度，从而让老年人能更加舒适地上下楼。

无障碍化设计

在出入口设置尺度适宜、可供轮椅和成年人并行通过的无障碍坡道，让腿脚不便利的老年人也能顺利进入建筑。内部过道保持两米以上的宽度，便于轮椅和较多人同时通行。

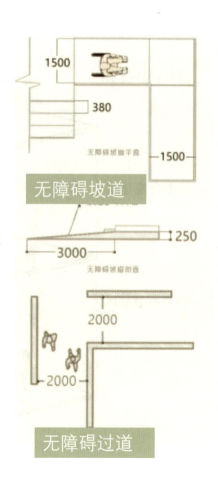

无障碍坡道

无障碍过道

数字技术引入

现代网络技术

线上交流互动

网络智慧社区

■ 在各主要出入口设置自动扫描装置，扫描老年人佩戴的智能手环，追踪老年人活动路径并同步到其子女的手机APP上，让他们的子女可以更好地了解父母的活动状况。

■ 元宇宙智能空间提供老年人与子女远程交互的机会，在社区志愿者的协助下，即使子女在遥远的城市工作，也能陪同父母下同一盘棋、打同一局麻将。

案例六

土家之韵

——鄂西土家族数字化民俗文化展览馆

团队成员：覃梦瑶、袁婷婷、邓子颖

设计说明：本设计的主题为土家族民俗文化馆，设计整体造型参考土家族撒叶儿响中的摆手回眸动作，同时参考土家族吊脚楼"L"形的转角造型，结合现场地形最终形成建筑造型。除了建筑本身，场地内还设计多处景观小品，都兼具游赏功能与土家族元素。场景之中设计各类游客与场馆之间的交互模式，并最终用3D建模进行呈现。

PART 1　前期分析

场地现状

彭家寨全寨50多户，近300口人，均系**土家族**。始建于200多年前的彭家寨古**吊脚楼群**拥有23栋木结构穿斗式和半干栏式吊脚楼，层层叠叠地延伸在旖旎的白水河和郁郁葱葱的山谷之间。

彭家寨吊脚楼群古朴粗犷、轻盈多变的风格和整体完美和谐的艺术特色，留住了**木材本身潜在的艺术底蕴**，凝聚着一种质朴坚挺之美，具有强烈的艺术感染力，是土家建筑的活化石，具有极高的民族文化和建筑艺术研究价值。

场地位于**鄂西土家族宣恩县彭家寨村旁**，基址位于彭家寨村之西，北侧为山体，东侧有小溪自北向南流过。基址之南匡家河由西流向东，河的南岸是过境公路，基址与公路之间有桥梁连接。

场地位于**河谷地区**，场地内地势低缓，由南向北地势逐渐增高。

文化背景

西兰卡普（织锦） 国家级非物质文化遗产

西兰卡普是土家族织锦，由手工编织而成，色彩绚丽，图纹变化多样，编制工艺精湛，是一种极其古老的民间织造工艺品。

秤砣花和太阳花

太阳雀

梭罗丫

猫脚迹

四十八勾

玉盖章和万字

材料主要是**以麻、棉纱为经**，以多种不同色彩的**粗丝、毛绒线为纬**。

技法采用"通经断纬"的编织技术和加工手法，沿用古代斜织机的腰机式织法，把经线全拴在腰上，以观背面，织出正面。

题材主要来源于**原始图腾崇拜和生活中所见的一切事物**。土家族传统织锦有120多种纹样，一般分为三种类型：一是自然景物、禽兽、家什器具、鲜花百草；二是几何图案，最常见的是二十四勾、四十八勾等；三是文字图案，如喜字、福字、万字等。

文化背景

社巴日(摆手舞) 省级非物质文化遗产

社巴日是土家族的特有节日。"社巴",意为"摆手","日"即"做"。土家语动宾倒置,"社巴日",汉语直译为"做摆手",意译为"摆手舞",一般在年节时举行,并发展为祭祀、祈祷、歌舞、社交、体育竞赛、物资交流等综合性的民俗活动。

社巴日仪式包括请祖先、敬祖先、跳摆手舞、唱摆手歌、演茅古斯五大部分。其中,请祖先包括扫堂、封净、迎神、接驾、安位、闯堂、绞旗等议程;摆手舞包括单摆、双摆、回旋摆、侧身摆、沉臀摆、颠摆、抡手摆、悠摆等动作;摆手歌由梯玛领唱,包括巫歌和民歌两部分。巫歌有请神、迎神、敬神、送神、祈神、扫堂、倒坛等乐歌。

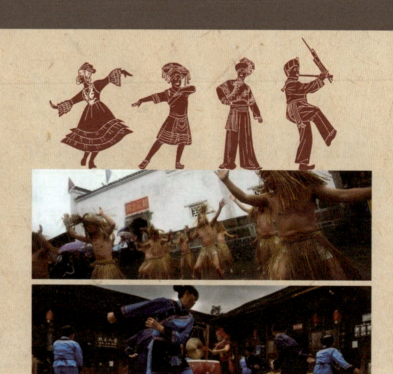

PART 2　设计过程

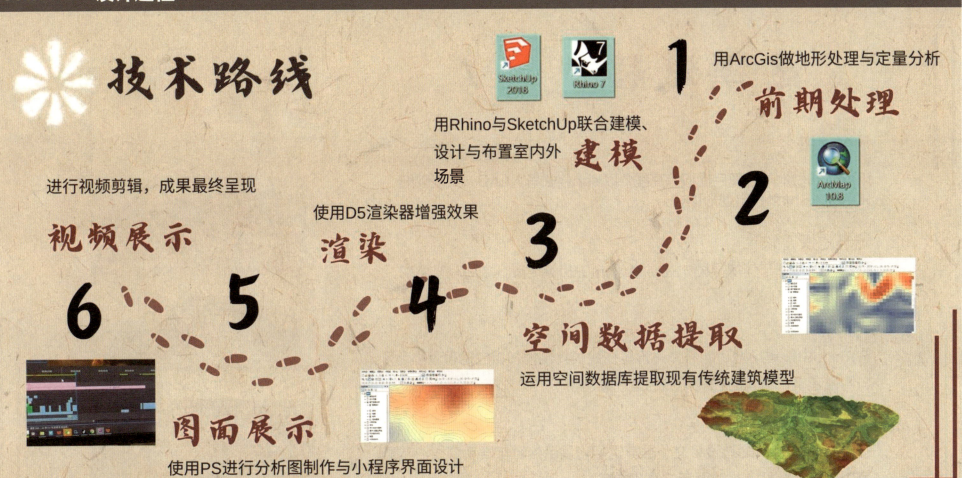

技术路线

1. 前期处理 — 用ArcGis做地形处理与定量分析
2. 空间数据提取 — 运用空间数据库提取现有传统建筑模型
3. 建模 — 用Rhino与SketchUp联合建模、设计与布置室内外场景
4. 渲染 — 使用D5渲染器增强效果
5. 图面展示 — 使用PS进行分析图制作与小程序界面设计
6. 视频展示 — 进行视频剪辑，成果最终呈现

建模过程

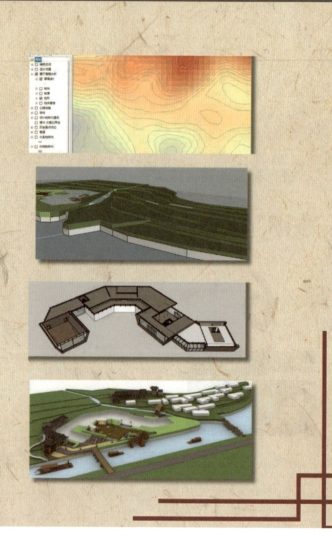

01 地形建模

用ArcGIS做地形处理后提取等高线，以.shp格式导入CAD，做裁剪细化后导入Rhino拉出地形体块

02 建筑建模

根据设计理念与体块草图，在SketchUp中初步建成，之后补充结构、里面细节以及赋予材质。

03 环境建模

在Rhino中根据场地功能与文化背景在建筑外围增加相应的景观小品与附属建筑，以及村庄内常见的景观设施。

04 室内建模

在SketchUp中，通过设计文化展览馆室内展示内容与展示流线，丰富室内家具，并贴上具体展示的文化内容。

✳ 建模过程

过程难点突破：室内建模与活动设计

如何以三维建模形式呈现展览馆展示内容

实地考察并参考现有少数民族文化馆室内装饰元素、展示方式等，作为建模参考，还原真实展览馆环境。

如何表现数字化文化展览

选取典型的传统文化活动——社巴日以及传统非物质文化遗产——西兰卡普（织锦）为展览的主要亮点。

如何将现实画面置入三维建模场景

选取合适位置设置展览屏幕，将设计好的展示画面插入建模软件，实现实体建模与文字图片插入相结合。

如何实现数字化展览与人的互动

将展示内容按照表演流线进行动态化设计，引导观众身临其境地体验。设计VR展示平台，将人群行为与展示内容相结合。设计小程序，线上线下联合提供土家族民俗文化展示窗口。

PART 3　设计策略

空间策略（1）

土家族建筑数字资源素材

精心制作土家族传统建筑数字模型，用于村落环境还原以及村落VR展示，建模过程中尽可能真实还原土家建筑特色，并同时为设计提供传统吊脚楼元素参考。

土家族传统建筑元素提取

在建筑的装饰方面土家人常采用"牛角挑""猫弓背""落瓜柱""转角花楼"等建筑手法。牛角挑由弯料组成，常用于建筑的飞檐上，用来顶起翘角或挑起屋檐，体现了土家人粗犷、厚重的建筑意向。猫弓背是指连接建筑柱子弯曲的穿枋，改善了木建筑单一的建筑结构方式，提升了建筑的艺术效果。

空间策略（2）

如何设计让观众更有**沉浸式体验感**的土家族民俗展览馆？

概念生成分析

- 提取土家族民俗元素
  - 社巴日 → 展览流线与节日流程相结合设计
  - 摆手舞 → 设计造型参考摆手舞中的摆手回眸造型
  - 西兰卡普 → 室外装饰花纹运用西兰卡普花纹
  - 土家族建筑 → 设计提取土家族传统吊脚楼的木构架、坡屋顶元素

空间策略（3）

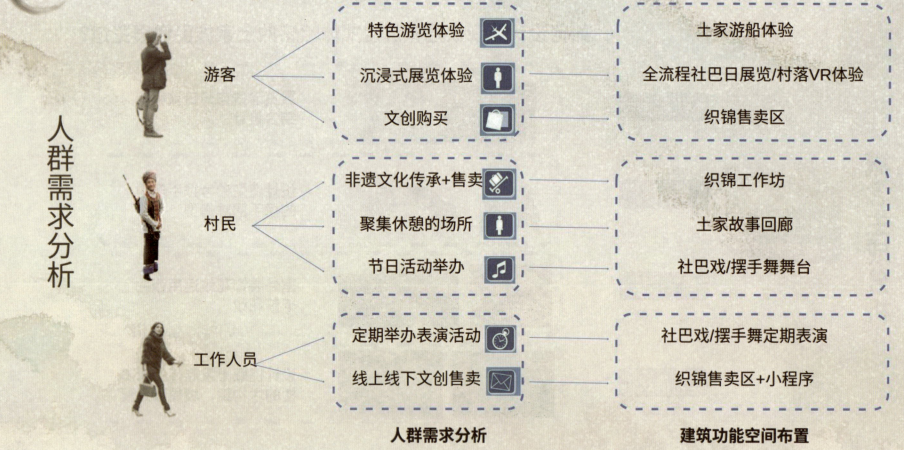

空间策略（4）

设计概念

土家族撒叶儿嗬，汉族称"打丧鼓"，是土家族民间悼念死者、为死者送行的一种隆重的送葬仪式。土家族撒叶儿嗬作为土家族的祭祀舞蹈，曲牌丰富，唱腔古老，舞姿粗犷，是土家人对生命价值的肯定，表达了土家人的生死观和宇宙观，保留了渔猎时代和农耕文明的生活画面，积淀了图腾崇拜、祖先崇拜的遗存。

该设计整体造型参考土家族撒叶儿嗬中的摆手回眸动作，同时，参考土家族吊脚楼"L"形的转角造型，结合场馆地形最终形成如图所示的建筑造型，立面设计上化用土家族吊脚楼的木构架和双坡屋顶，外立面使用新型灰瓦，在满足功能的同时与彭家寨村落遥相呼应。

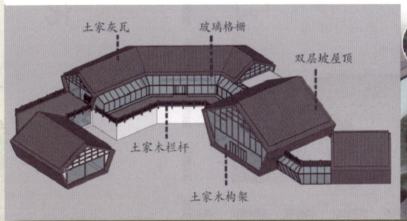

意向来源与体块构成

空间策略（5）

体块构成与细化

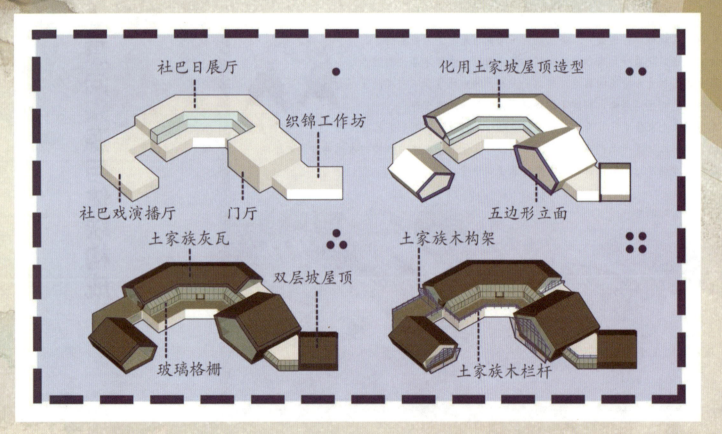

空间策略（6）

景观小品营造氛围

01
西兰卡普织锦景观小品

02
木质滨水观景长廊

03
土家族传统生活小场景

04
灰空间造景花境

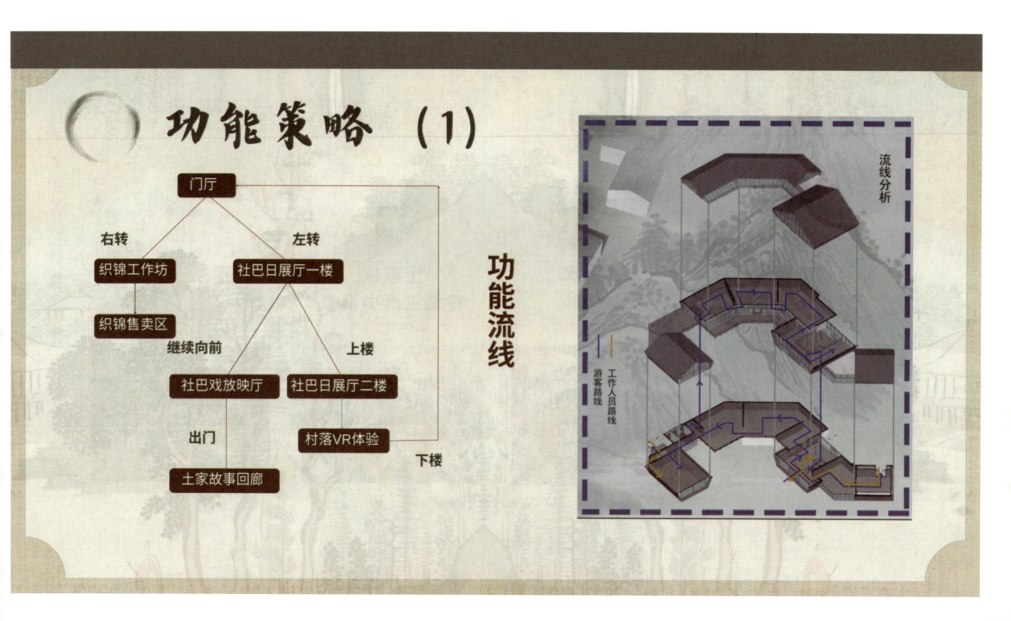

功能策略（2）

织锦售卖区+织锦工作坊

土家族村民在工作坊中制作西兰卡普织锦，并在售卖区进行售卖，游客在这里可以观看织锦制作过程，买到心仪的文创产品。

社巴日展览一楼和二楼

社巴日展厅是建筑的主要空间，按照节日流程对社巴日活动做展览和介绍，特定展厅布置数字展览以及小程序二维码，游客可扫码观看数字化介绍。

社巴戏放映厅

日常播放社巴戏介绍宣传片，会不定时邀请土家族村民举办社巴戏表演，且布置有社巴戏用品展览。

村落VR体验区

布置有土家族建筑模型以及VR设备，游客佩戴后可沉浸式游览彭家寨村落，扫码进入小程序也可观看。

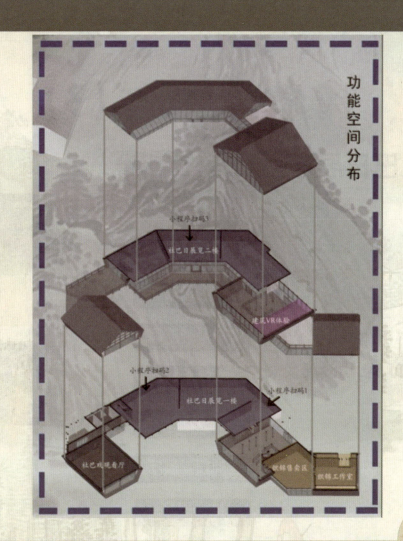

功能空间分布

功能策略（3）

社巴日展厅

按照社巴日节日流程分为七个展厅，展厅具体布置详见右图。

- 土家民俗展厅
- 排甲入场展厅
- 请神祭神展厅
- 摆手舞展厅
- 社巴戏展厅
- 送神扫堂展厅
- 结语展厅

游览流线

功能策略（4） 斯维尔绿建分析

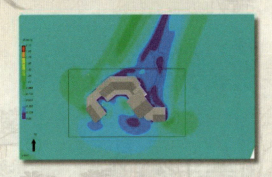
夏季室外风环境 1.5m高处风速云图

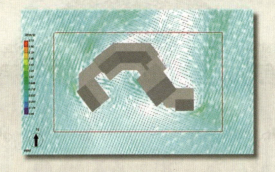
夏季室外风环境 1.5m高处风速矢量图

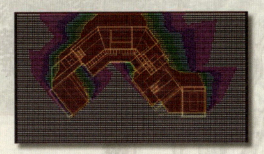
夏季室外日照分析等日照线图

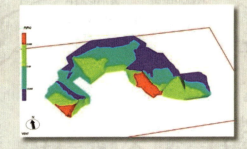
建筑迎风面风压云图

- 采光分析Dali2024
- 超低能耗PHES2024
- 建筑光伏BPV2024
- 建筑声环境SEDU2024
- 建筑碳排放CEEB2024
- 建筑通风VENT2024
- 节能设计BECS2024
- 能耗计算BESI2024
- 暖通负荷BECH2024
- 日照分析Sun2024
- 室内热舒适ITES2024
- 住区热环境TERA2024

斯维尔绿建分析软件示意

产业策略（1）

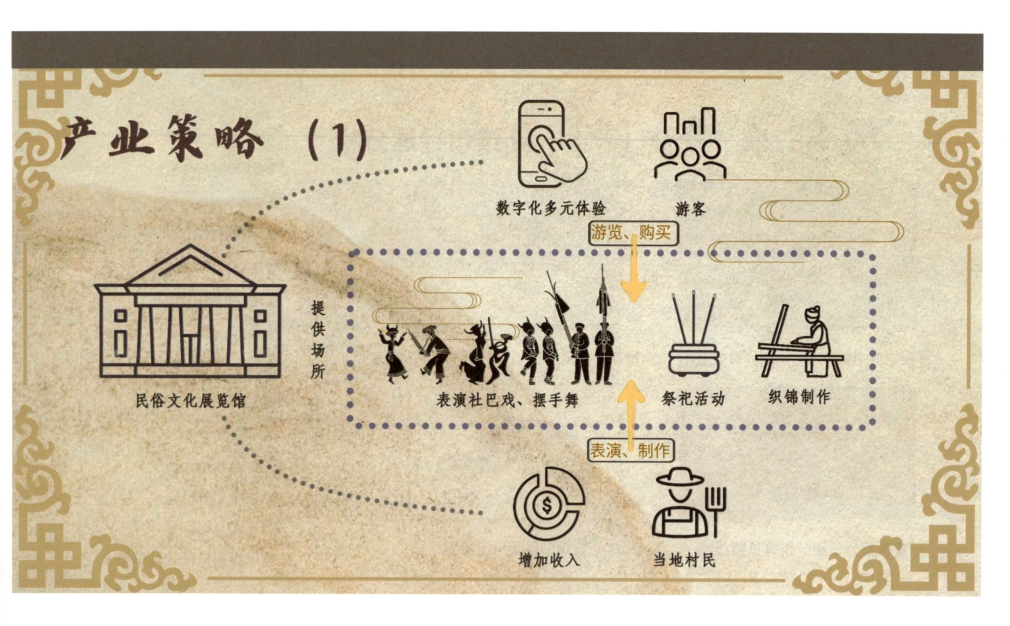

PART 4　模型展示

场地整体展示（1）

- 用地状况
- 外部流线（游客进入 / 村民进入）

场馆外部功能

场馆外部总平面图

场地整体展示（2）

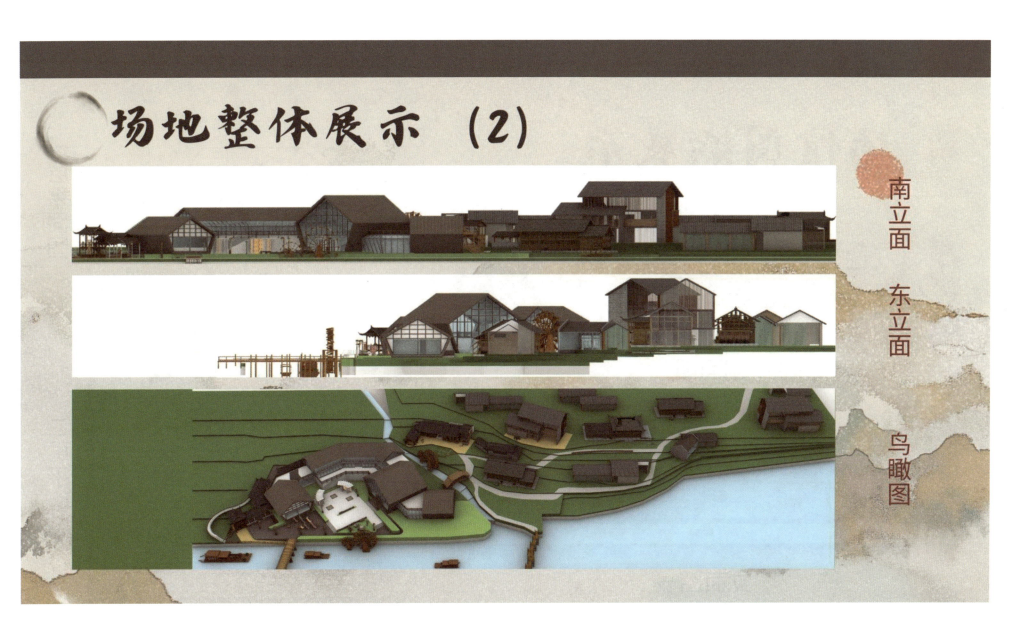

南立面　东立面　鸟瞰图

场馆图纸展示

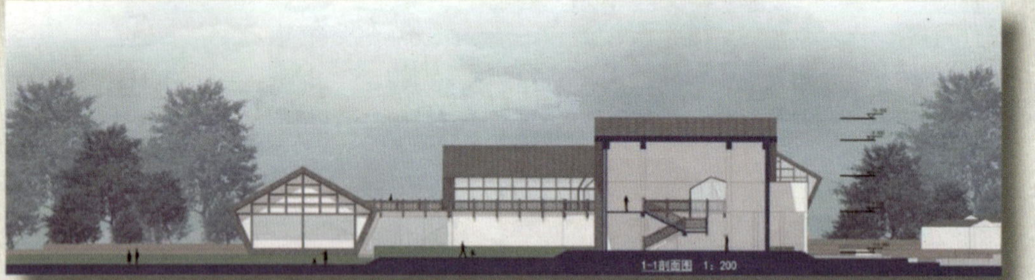

剖面图

立面图

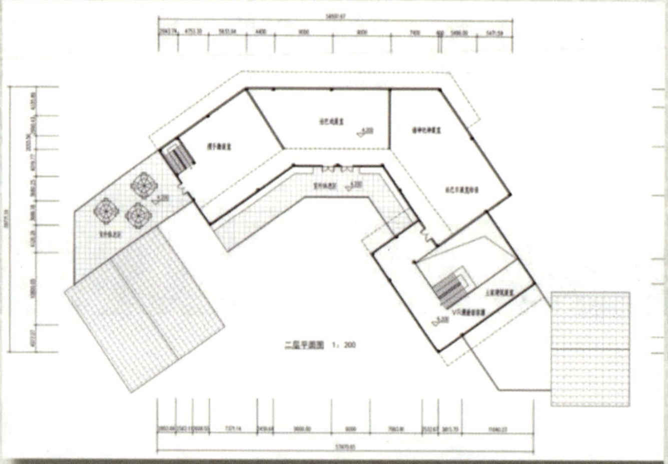

一层平面图

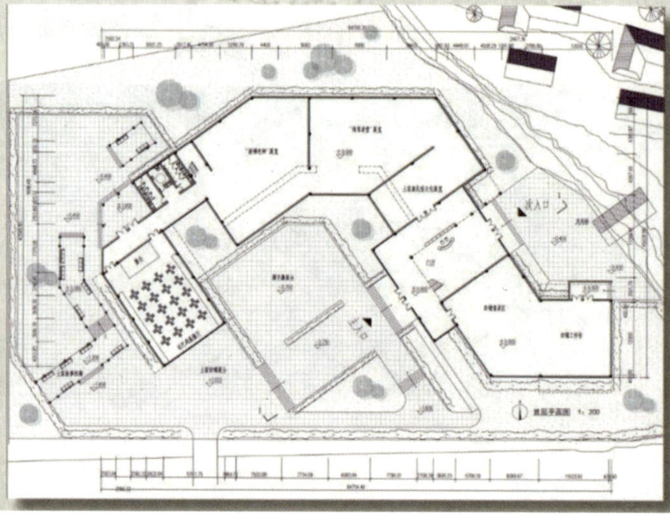

二层平面图

模型节点渲染

室外环境

室内布置

村庄环境

案例七

绿 野
——校园智慧生态商业综合体

团队成员：陶佳、杨萌

设计说明：该商业综合体位于湖北省武汉市某高校教职工公寓附近，基地内现状功能混杂无序、交通拥挤、人流多样，建筑老旧，业态无法满足多样化需求。设计主题为校园智慧生态商业综合体，旨在思考在数字化城市背景下，智慧及生态宜居理念如何融入校园商业设计，以营造出校园绿色公共空间下人群的慢休闲生活氛围。

PART 1　背景介绍

1.1　基地现状分析

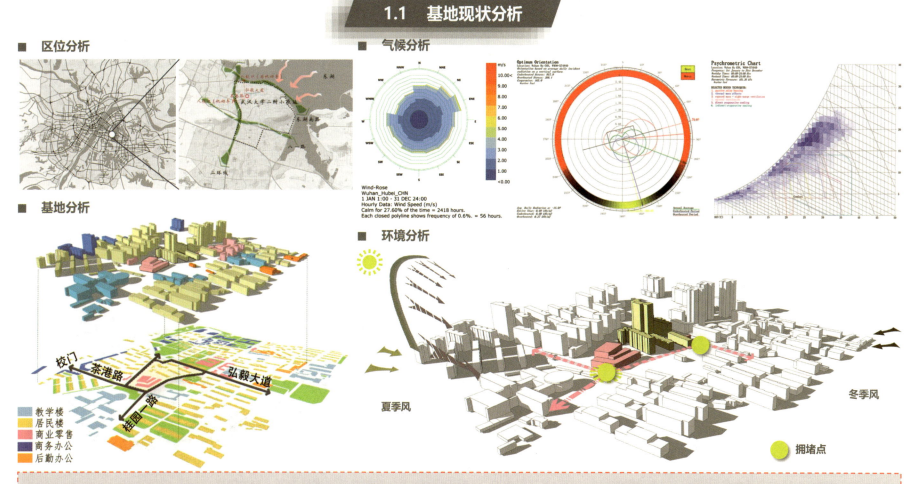

基地位于湖北省武汉市某高校教职工宿舍附近，由弘毅大道、茶港路包围，东临该高校附属小学，南临该高校计算机学院，西北均为居民楼，人流量较大。

1.2 基地现状问题

■ 基地周边

■ 现状问题

问题总结：1.交叉口交通拥挤；2.缺少公共绿地；3.现状功能无法满足需求；4.建筑老旧，设备老旧。

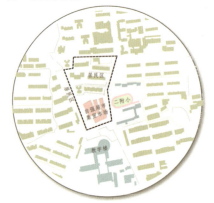

■ 基地业态分析

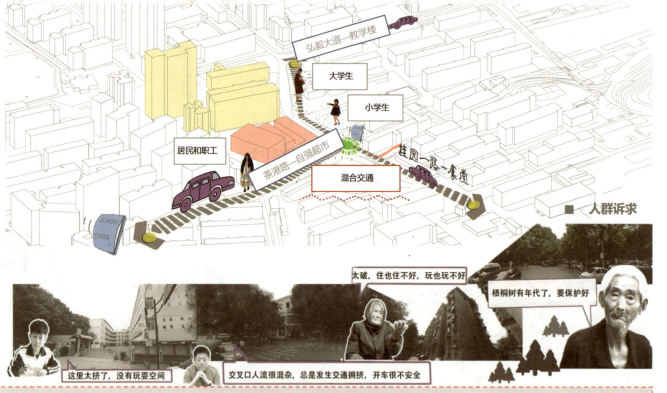

■ 人群诉求

设计注意事项：1.场地内有大量梧桐树，具有珍贵的纪念价值，应予以保护；2.武汉严寒酷暑，应注意构建通风廊道，促进散热。

PART 2 方案设计

2.1 设计主题

校园智慧生态商业综合体

智慧校园

5G智能时代下，校园商业应融入智慧设施，满足大学生、小学生、教师、居民等不同人群的设施需求，如VR体验、智能家居等。

生态宜居

在"碳中和"背景下，应更重视绿色建筑的落实，增加绿植覆盖，减少能源消耗，转向"绿色、节能、高效"的建造方式，实行精细化管理，降低碳排放。

2.2 设计策略

■ 设计思路

思考：如何将"数字"&"宜居"融入校园商业综合体？
——基于用户体验的建筑设计

■ 设计策略

① **第五立面——开敞的户外活动空间**
斜坡台阶屋顶地面、立面、屋顶三者间隔断，提供更多休憩场地。

舒适性

② **丰富的业态——满足各类人群需求**
设有咖啡馆、培训机构、科技体验馆、餐饮、菜场、超市等多种业态。

多样性

③ **开放的入口——双首层+空中连廊**
根据人流密集点及地形高差的现实，设置双首层多个出入口，并以连廊连接各功能体块，增强可达性与连通性。

可达性

■ 设计生成

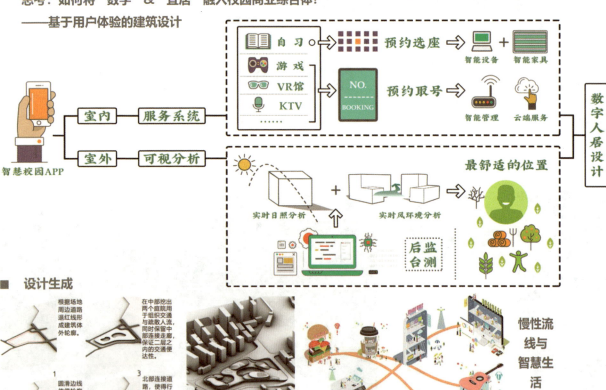

PART 3　模型展示

3.1　设计效果

3.2 平面图

3.3 立面图

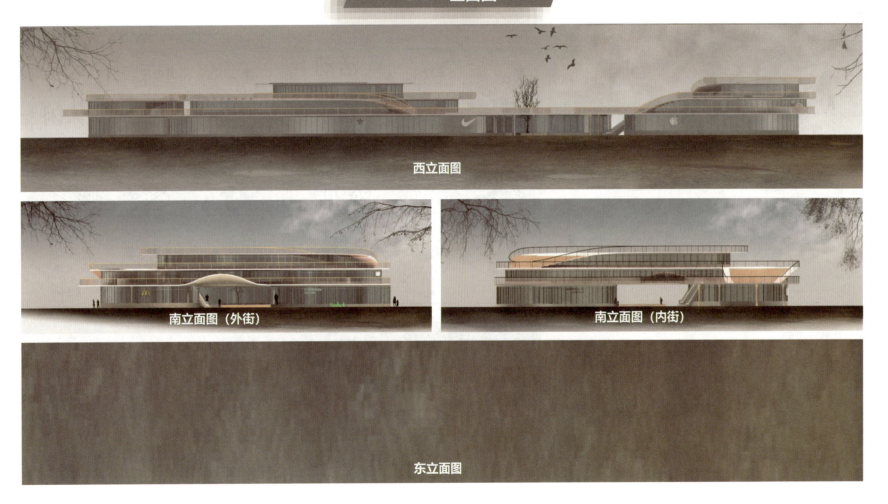

西立面图

南立面图（外街）

南立面图（内街）

东立面图

PART 4　策略分析

4.1　设计分析

■ 爆炸分析图

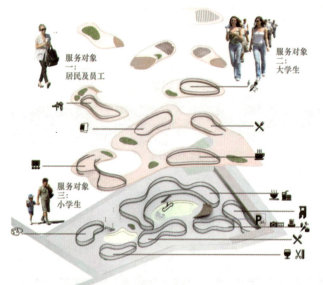

■ 功能流线图

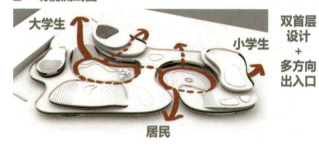

■ 场景分析图

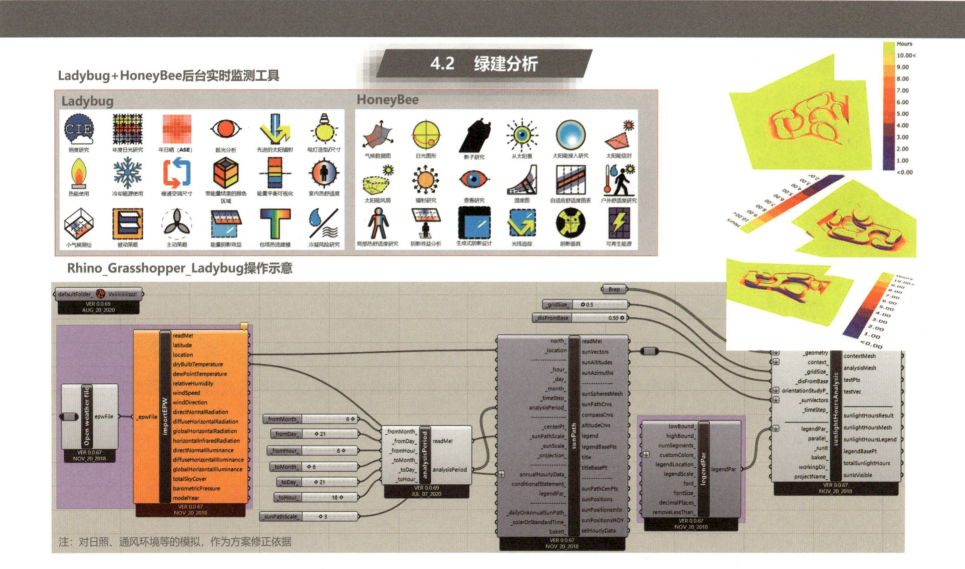

案例八

GREENLAND
——绿意肆意生长

团队成员：陈歆缘、刘晨、毕芳菲、刘妹

设计说明：方案采用"日间传统购物消费"与"夜间潮流创意市集"相结合的经营模式，构建了一个全天候活力四射的消费新地标。在白天，消费者可以享受传统的购物体验，挑选各种商品；而在夜晚，则可以前往充满创意和潮流的市集，体验不同的文化和生活方式。

PART 1　项目概况

1. 经济技术指标

用地面积：5.03hm²

总建筑面积：71732m²

容积率：1.42

停车位：350（地下）

绿地率：35%

建筑密度：40%

2. 规划目标及策略

强化武汉市"十字形"山水生态轴

将场地与周边自然景观融合

自然

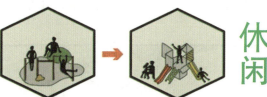

增添娱乐设施与景观互动装置

休闲

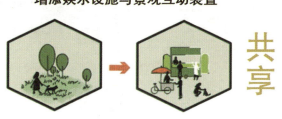

促进周边社区与居民交流共享

共享

PART 2　前期分析

1. 区位分析

基地位于武汉市武昌区的首义文化片区。

方案延续了原本首义广场南北向的生态轴线，将绿色公共空间向西拓展，融合自然景观与城市空间。

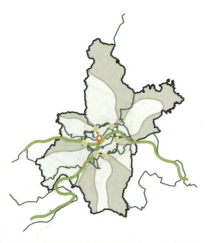

2. 气候分析

基地所处地区属亚热带湿润季风气候，冬冷夏热，雨量充沛，日照充足，四季分明。

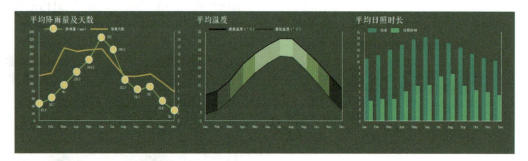

3. 人群行为需求

基地周边有大量居住小区与旅游景点，附近居民和游客比重大，但缺乏大型的商业中心。

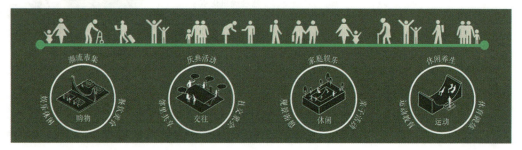

PART 3　设计理念

1. 公园+商业 "POD" 模式

"Park Oriented Development" 基于公园城市理念规划的新模式，即以城市公园、水系、湿地、山丘等生态设施为导向的城市空间开发。

这种公园与商圈的融合，对于城市而言不仅是对城市生活快慢节奏的调节与平衡，也是对城市的自然属性、社会属性、商业属性的一种一体化统一的体现。

独特的身份

难忘的目的地

更强的连通性

多样的户外活动

绿色的都市

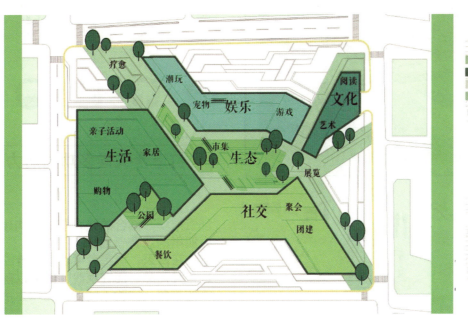

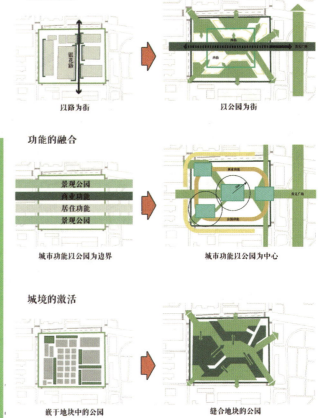

2. 日间经济+夜间经济"弹性时空"

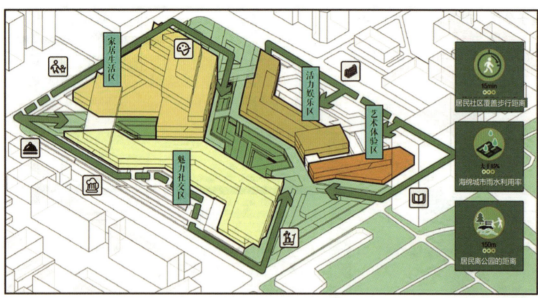

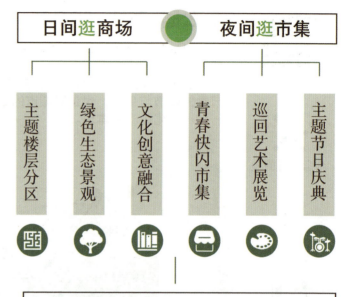

打造全天候多功能活力消费新地标

　　方案采用"日间传统购物消费"与"夜间潮流创意市集"结合的经营模式，构建了一个全天候活力四射的消费新地标。
　　在白天，消费者可以享受传统的购物体验，挑选各种商品；而在夜晚，则可以前往充满创意和潮流的市集，体验不同的文化和生活方式。

解读：弹性空间的分时使用转换

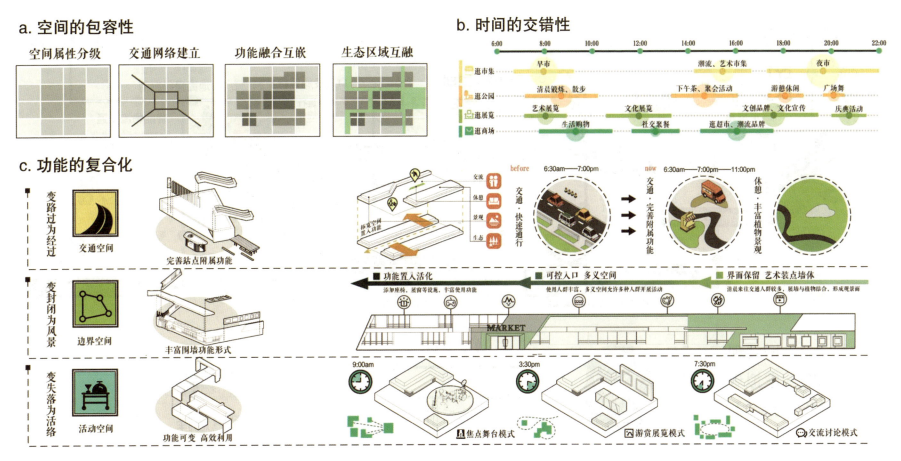

3. AR/VR/MR等技术的运用赋能

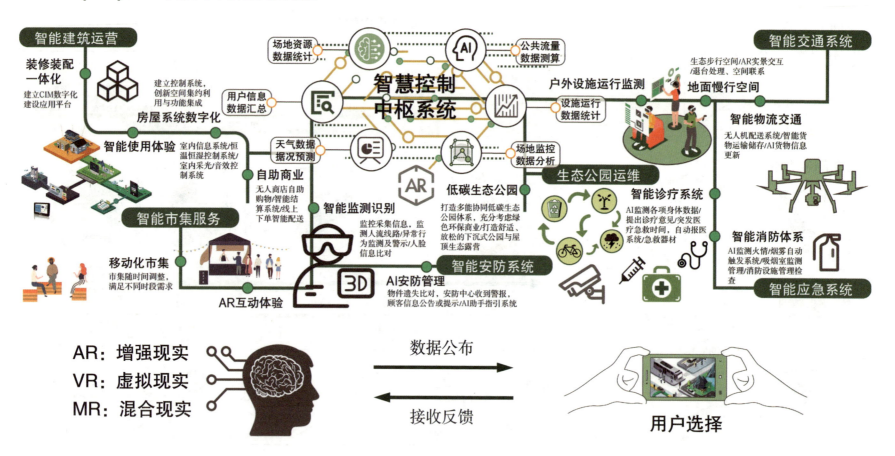

PART 4　项目方案构建

1. 总平面图

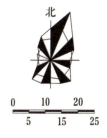

图例
- 屋顶面
- 道路主轴线
- 道路铺装
- 人行导引铺地
- 广场铺地1
- 广场铺地2
- 广场铺地3
- 木质景观座椅
- 屋顶花园
- 垂直绿化
- 景观草地
- 广场树池

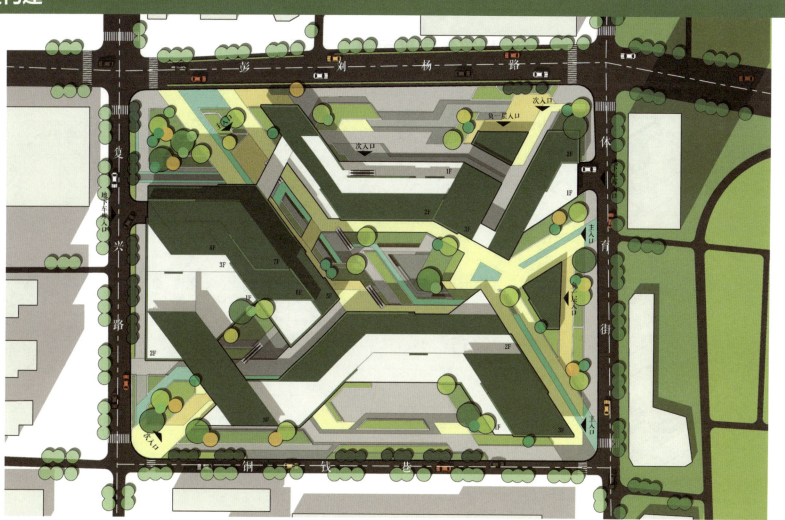

2. 规划分析

3. 建筑各层平面图

PART 5　项目设计解读

"逛公园"概念总览——打破城市绿地空间的局限性，塑造园林式创新活力商业空间

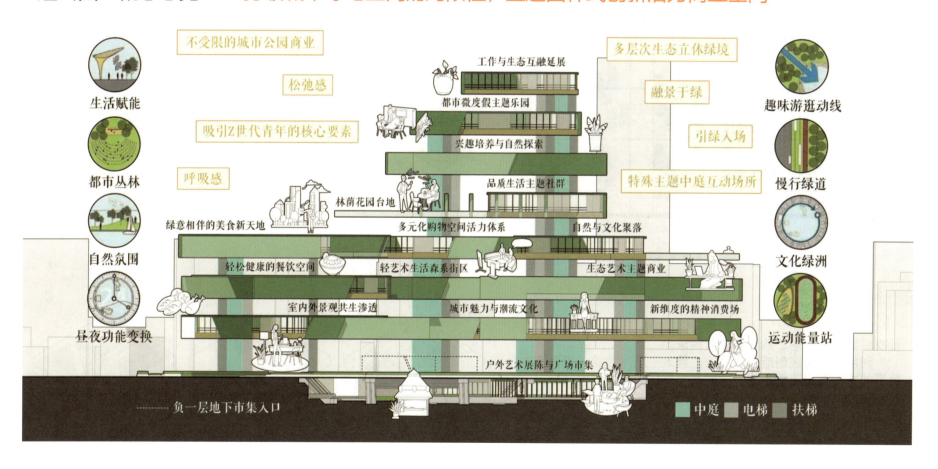

1. 空间共享可行性分析

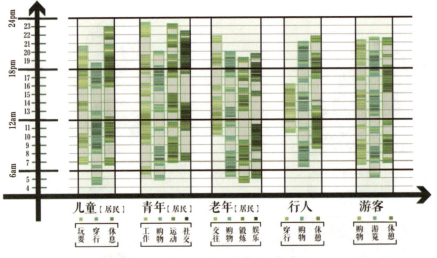

设计用富有变化的游逛动线与灵动的景观布局满足日常社交、游逛、休憩、购物等公共需求。

利用蜿蜒动线创造节点空间，置入主题性功能，用移步换景的方式激发消费欲望，同时在特定区域激活夜间经济，打造公园商业样板街区。

2. 特色空间展示

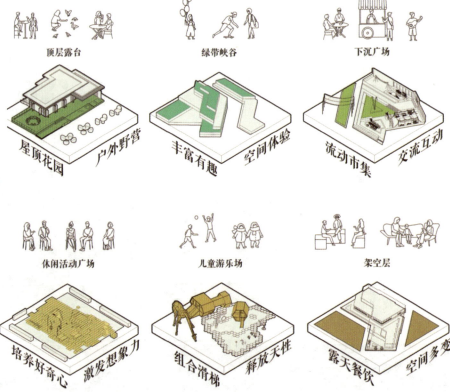

日间"逛公园"——通过满足消费者对社交和精神的强烈需求营造适宜市民游逛的"生活中心"

1. 日间经济设计理念

2. 错层中庭空间

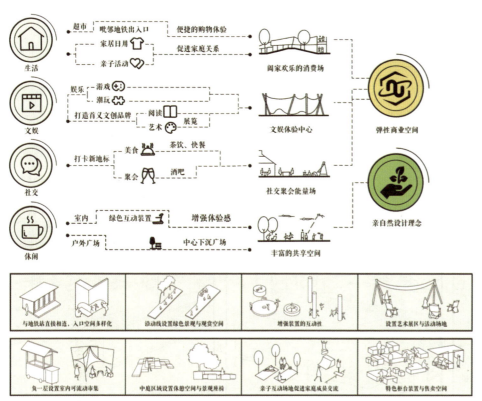

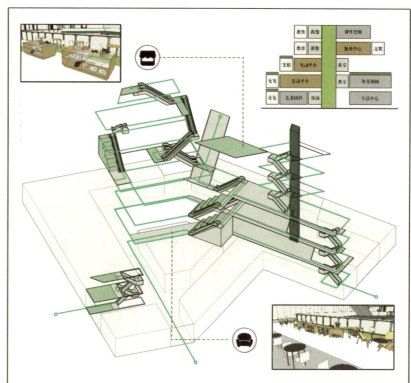

3. 商业节点展示

生态板块置入

趣味游逛动线

游憩互动空间

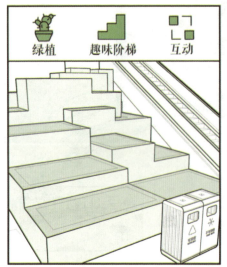

绿植　趣味阶梯　互动

休憩　共享空间　社交

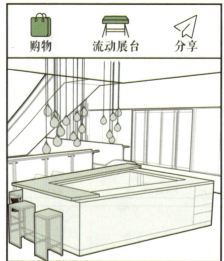

购物　流动展台　分享

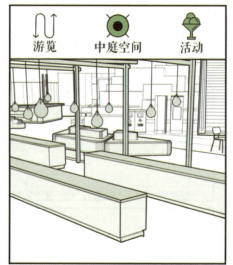

游览　中庭空间　活动

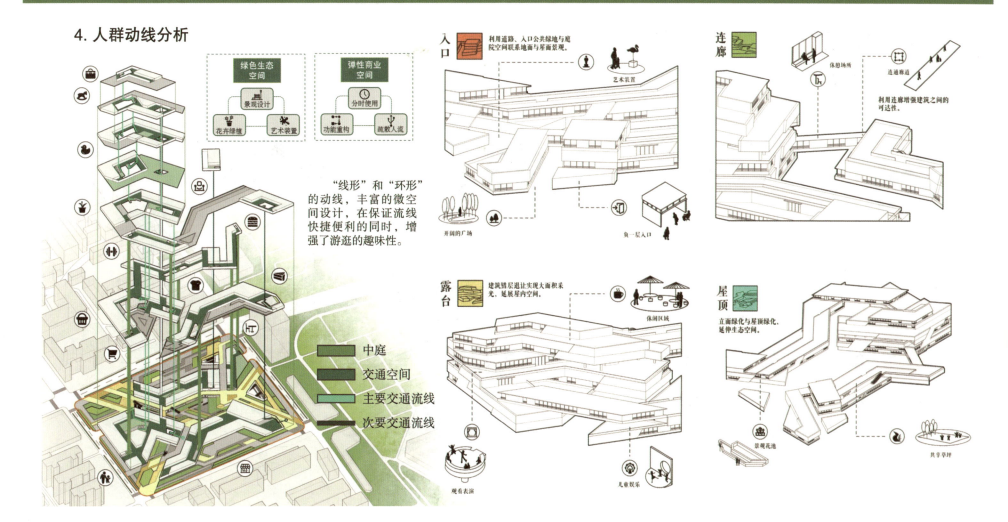

夜间"逛公园"——为城市商业的延展和创新提供独有的消费，延伸和精准化年轻化需求补充

1. 公园氛围营造

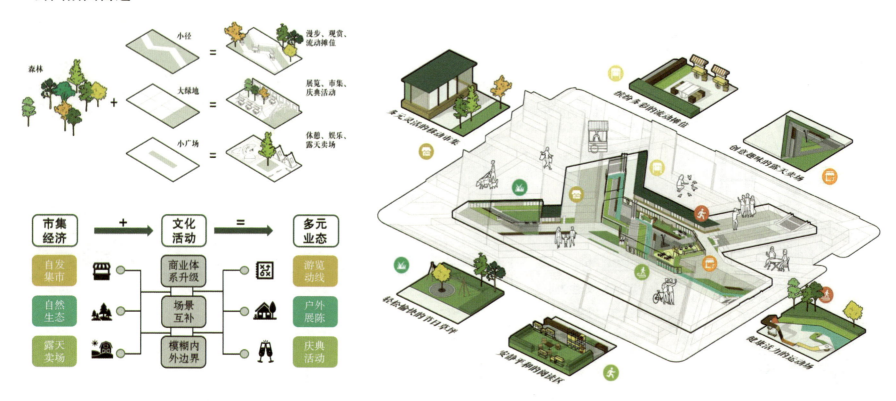

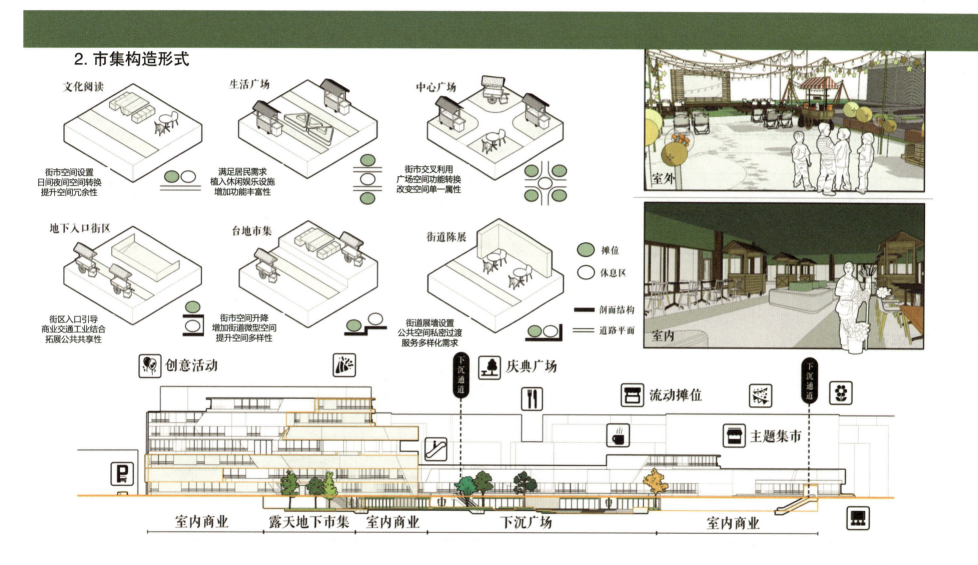

PART 6　项目建模展示

山体元素融入

通过巧妙运用建筑语言，将山体形状融入设计中，从西向东逐渐退台，创造出层次分明的空间感。在建筑的细部设计中巧妙地融入山体元素，使人们在游览商场时能够更加深刻地感受到自然的氛围，融入其中，享受沉浸式的体验。

山脉生长延伸

设计架空廊道，连接着不同的建筑体块，使得建筑在横向上生长延伸，形成错落有致的空间布局。增强建筑体块之间的联系，形成连续完整的游览动线，引导人们在建筑群中流畅地穿行，深度体验整个空间的魅力与美感。

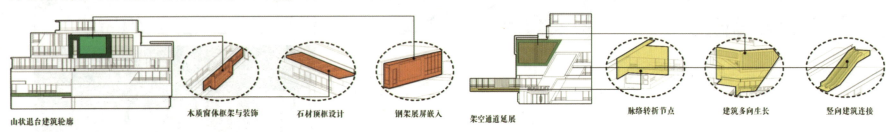

山顶平面拓展

在建筑屋顶平面布置丰富多样的户外活动空间，在其中巧妙地安排餐饮、露营、儿童活动等设施，使之成为一个融合生活和商业活动的综合空间，为商业空间注入生活化元素。

山谷空间利用

在场地负一层设置开放式露天活动广场，精心布置灵活多样的创意市集，模糊室内室外的空间界限，延续"逛公园"的氛围，体现商业活动在时间和空间上的灵活性和弹性变化。

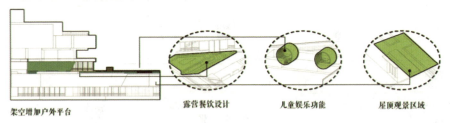
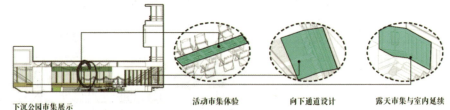

崖畔山谷

登台望远

峡谷寻趣

日照山岚

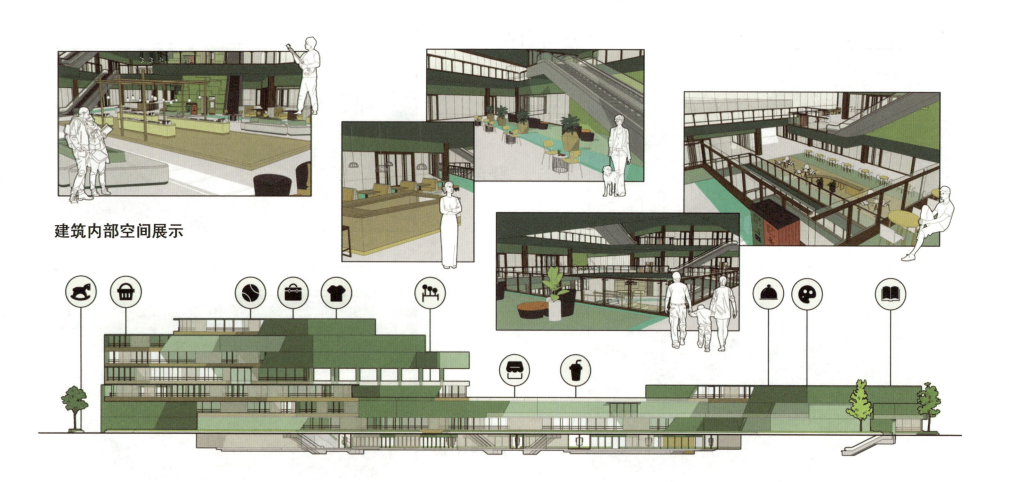

建筑内部空间展示

案例九

以纵横之道，助咸安新生

团队成员：路畅、杜宇生、赵慧仪、黎洋、宗童

设计说明：纵横之道，于历史和现代之间。我们学习原英国租界的平面图交错原则，将之应用于博物馆设计；纵横之道，于自然和建筑之间。我们将屋顶覆土，种植花木，得草树繁茂，成屋顶花园。此乃北侧公园自然之延伸。我们还设计了热压通风、被动式太阳房等，达到国家绿色建筑二级标准；纵横之道，于城市和人民之间。公共建筑不应该是冰冷的水泥壳子，而应立足人民，保有温度。我们放弃抢占本就拥挤的城市天际线，反而将之设计为半下沉式建筑。这可以方便人们登上屋顶游玩。历史建筑的复活，任重道远；绿色低碳之路，道阻且长。但无数青年建筑师正奋斗着，咸安坊们绝不会无声消亡！以纵横之道，助咸安新生！

PART 1 前期分析

整体区位分析

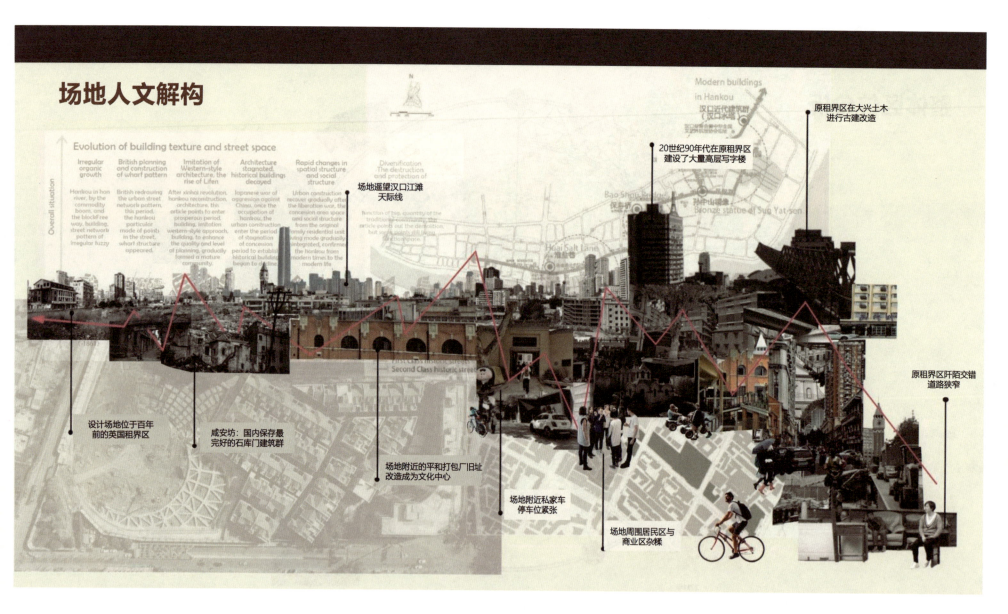

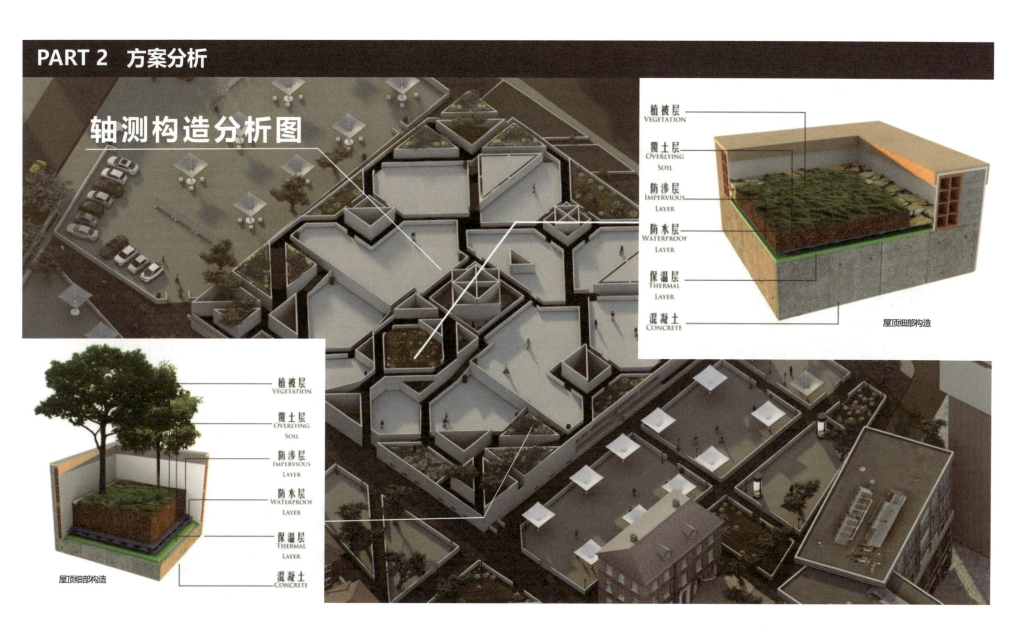

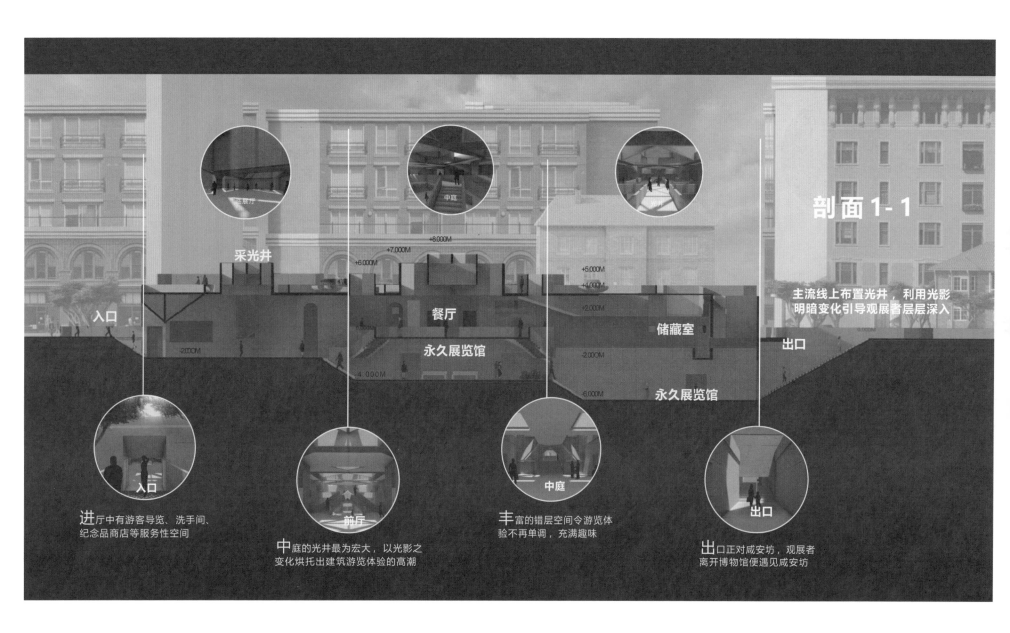

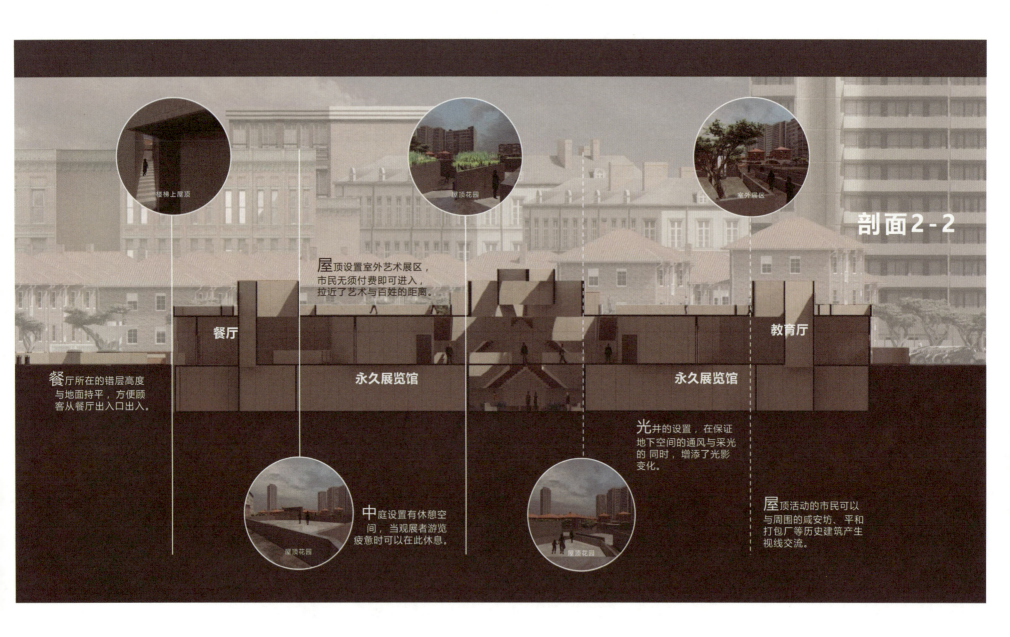

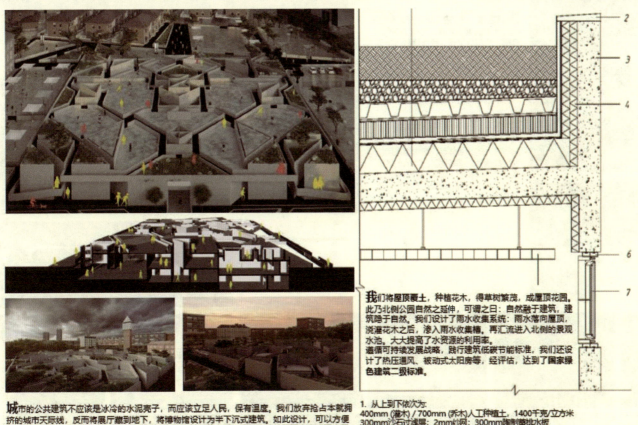

城市的公共建筑不应该是冰冷的水泥壳子，而应该立足人民，保有温度，我们放弃抢占本就拥挤的城市天际线，反而将展厅藏到地下，将博物馆设计为半下沉式建筑。如此设计，可以方便人民登上屋顶，在花园中漫步聊天；是真正地将土地还给人民，而博物馆的屋顶也变成了人民的街角公园。

后疫情时代给博物馆等公共建筑提出了新要求。室内活动的安全性无法保证，室外策展变得越来越普遍。博物馆大量的室外艺术空间保证了良好的通风和安全社交距离，保证了人民即使在后疫情时代也可以安心看展，放心游玩。这便是立足人民，设计有温度的建筑。

工作人员的入口远离游客入口，防止游客对博物馆工作人员产生干扰。必要时，工作人员可以刷卡通过中庭入口进入展览空间；但是游客无法进入工作人员的私密空间。

我们将屋顶覆土，种植花木，得草树繁茂，成屋顶花园。此乃北侧公园自然之延伸，可谓之曰：自然融于建筑，建筑隐于自然。我们设计了雨水收集系统：雨水落向屋顶，浇灌花木之后，渗入雨水收集桶。再汇流进入北侧的景观水池。大大提高了水资源的利用率。
遵循可持续发展战略，践行建筑低碳节能标准，我们还设计了热压通风、被动式太阳房等，经评估，达到了国家绿色建筑二级标准。

1. 从上到下依次为：
400mm（灌木）/700mm（乔木）人工种植土，1400千克/立方米
300mm沙石过滤层；2mm钢网；300mm陶制蓄排水板
20mm保湿层；100mm（灌木）/400mm（乔木）隔根板
20mm防渗毯；油毡防水布；300mm隔热岩棉
2. 岩制盖板
3. 清水混凝土主结构。屋顶找坡2%
4. 100mm隔热岩棉
5. 50mm轻钢格栅吊顶
6. 20X60钢架，膨胀螺栓锚固于主结构
7. 铝框方窗：6mm玻璃，8mm真空层，6mm玻璃外涂防晒涂层

屋顶步道纵横交错，连接起历史建筑与现代街区，屋顶花错列其中，将屋顶打造为街角花园，又以光井穿插其间，用光书写空间的故事，展厅隐置于地下，错层分布。展厅层层深入，线性环抱布展，游览趣味十足。进入地下两米的进厅，两侧是临时展厅。光引导我们步步向前，进入地下的永久展厅，而走出博物馆，便遇见了咸安坊。中庭是空间高潮，通达的流线交汇于此，温暖的阳光沐浴于斯，以博物馆为纽带，将历史建筑咸安坊、平和坊与现代青年艺术中心、圣教书局、自然公园连点成面，形成全新的汉口历史文化中心，完成城市再生。

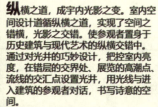

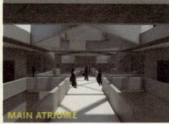

纵横之道，成宇内光影之变。室内空间设计道循纵横之道，实现了空间之错横，光影之交错。使参观者置身于历史建筑与现代艺术的纵横交错中。通过对光井的巧妙设计，把控室内亮度，在错层的交界处、展览的高潮点、流线的交汇点设置光井，用光线与进入建筑的参观者对话，书写诗意的空间。

半下沉式错层展览空间提供给参观者层层深入的参观体验，博物馆采用线性流线设计，清晰明了。当人们结束观展走出博物馆，映入眼帘的便是咸安坊，将人流引向咸安坊，使历史建筑重获生机。

PART 3　效果展示

第三章 景观设计

景观设计是指通过对土地、植物、水体和人工结构等自然和人为元素进行有机组合，创造出具有美学价值、功能性和可持续性的环境空间。景观设计不仅仅是对自然景观的装饰和美化，更是对生态环境的保护和人类生活品质的提升。其目的是为人们提供一个舒适、健康、愉悦的生活和工作环境，同时也为自然生态系统的平衡和可持续发展作出贡献。

第一节 景观设计原理

景观设计的基本原理包括科学性、功能性、艺术性和可持续性。设计者在进行景观设计时要遵循以下原则：

1. 生态保护与可持续发展

生态保护：设计应注重保护自然生态系统，通过合理的规划和设计，减少对环境的负面影响。应优先保留现有的自然元素，如植被、水体、地形等。

可持续发展：景观设计应采用可持续的设计理念和技术，如雨水花园、透水铺装、绿色屋顶等，促进资源的循环利用和节能减排。

2. 功能性与实用性

满足使用需求：景观设计不仅要美观，还要满足人们的实际需求，包括休闲、娱乐、运动、社交。应合理布局各种功能区域，并确保其使用的便捷性和舒适性。

安全性与便利性：设计中应充分考虑使用者的安全和便利，如无障碍设计、合理的交通组织、夜间照明等。

3. 美学价值与艺术性

视觉美感：通过巧妙的设计手法和艺术表现，提升景观的美学价值，使其成为视觉上的享受。应注重色彩、质感、形态等元素的搭配和组合，营造出和谐的景观效果。

文化表达：景观设计应融入当地的文化元素，体现地域特色和历史文化内涵。采用文化符号、艺术装置等手段，增加景观的文化厚重感和艺术氛围。

4. 文化传承与地域特色

文化传承：应尊重和保护当地的历史文化遗产，通过设计将其融入现代景观中，延续文化记忆和地域特色。

地域特色：应根据地域气候、地形地貌等自然条件，选择适宜的植物和材料，体现地域特色，营造独特的景观风貌。

第二节 景观设计方法

景观设计方法涵盖场地分析、概念设计和详细设计三个主要阶段。在实际设计过程中，应综合考虑选址与规划、空间布局、植物配置、水体设计、材料选择、细节处理等多个方面，以确保设计出的景观既美观又实用，且满足生态和社会需求。

一、场地分析

场地分析是景观设计的基础，主要包括以下几个方面：

1. 自然条件

地形地貌：分析场地的地形特征，如坡度、地势高低等，确定适宜的功能布局和景观形态。

气候条件：考虑场地的气候特征，如日照、风向、降水量等，这些对植物选择和空间布局会产生重要影响。

水文条件：了解场地的水文状况，包括地表水和地下水的分布，为水体设计和排水系统设计提供依据。

2. 人文条件

历史文化：了解场地的历史背景和文化遗产，尊重和保护具有重要价值的文化元素。

社会经济：分析场地所在地区的社会经济状况、人口结构等，为功能分区和设施配置提供参考。

3. 现状调查

植被状况：评估现有植被的种类和健康状况，保留有价值的植物资源。

基础设施：调查场地内现有的道路、管线、建筑等基础设施，为设计方案提供基础数据。

二、概念设计

概念设计是景观设计的初步构思阶段，通过创新的理念和创意的表达，确定景观设计的总体方向和基本框架。

1. 设计理念

主题概念：确定景观设计的主题和概念，通过主题贯穿整个设计，增强景观的可识别性和感染力。

设计风格：综合考虑场地特点和使用需求，选择适宜的设计风格。

- 自然风格：模仿自然景观，运用自然的形态和材料，营造出与自然和谐共生的景观。
- 现代风格：强调简洁和具有几何感的设计语言，运用现代材料和技术，创造出具有时尚感的景观。
- 乡村风格：运用乡村元素和植物，营造出温馨、自然的田园风光。
- 古典风格：运用传统园林的设计元素，如亭台楼阁、假山池塘等，营造出富有文化内涵的景观。

2. 功能分区

分区布局：根据场地分析结果，将场地划分为不同的功能区，如休闲娱乐区、生态保育区、运动健身区等，满足不同人群的需求。

动线设计：规划合理的步行、骑行、车辆通行等交通动线，确保各功能区的便捷连接。

3. 空间组织

空间层次：通过高低错落、远近对比、视线引导等手法，创造丰富的空间层次和视觉效果。

景观节点：设计若干重要的景观节点，如入口广场、观景平台、水景区等，作为视觉和功能的焦点。

三、详细设计

详细设计是对概念设计的深化和具体化，包含对各个景观元素的具体设计和细节处理。

1. 植物配置

植物选择：根据场地条件和设计要求，选择适宜的乔木、灌木、地被和草坪植物，形成多层次的绿化景观。

植物布局：科学搭配植物种类和数量，考虑季相变化、色彩搭配、生态功能等因素，营造四季常绿、花团锦簇的景观效果。

2. 硬质景观

铺装设计：选择透水性好、耐久性强、视觉效果佳的铺装材料，设计合理的铺装图案和结构。

景观构筑物：设计景观亭、廊架、桥梁、景墙等构筑物，丰富景观层次和功能。

3. 水体设计

水景形式：根据场地特点和设计风格，设计湖泊、溪流、喷泉等多样化的水景形式，增强景观的动态效果。

水资源管理：采用生态友好的雨水收集和处理系统，促进水资源的循环利用，减少水体污染。

4. 道路与游览路线

道路设计：设计合理的道路系统，包括主干道、次干道和步行道，确保交通流线的顺畅和安全。

游览路线：规划多样化的游览路线，如自然探索小径、历史文化路线等，提供丰富的游览体验。

无障碍设计：在道路和游览路线中考虑无障碍设施，确保残障人士的便捷通行。

第三节 案例

下面通过两个具体案例来阐述景观设计的原理与方法。

案例一

灵灵总角·穆穆良朝

——以二十四节气为主题的游戏式自然教育公园

团队成员：时心怡、詹钧麟、井义正

设计说明：该方案从城市儿童的"自然缺失症"出发，结合中国传统二十四节气文化，打造游戏式的自然教育公园。整体公园设计成闯关的游戏模式，希望能够吸引儿童走向室外，接触自然，同时增加亲子互动。

PART 1　前期分析

01　自然缺失症成为青少年"通病"

自然缺失症(nature-deficit disorder)是由美国作家理查德·洛夫提出来的一种现象，即现代城市儿童与大自然的完全割裂，也有人对其给出自己的解释："某种对大自然的渴望，或者对自然界的无知，皆因缺乏时间到户外，特别是乡野田园所致。"现实生活中，"自然缺失症"人群已经从儿童扩展到了成人。

13.96%深圳孩子具有自然缺失症的某些倾向，12.85%的孩子每天户外活动几乎为0。

16.33%的孩子有自然缺失症倾向，结果显示每10个孩子中至少有一个孩子患自然缺失症。

02　自然缺失症的危害

自然缺失症不是一种需要医生诊断或需要服药治疗的病症，而是当今社会的一种危险的现象，同时很容易让儿童变得孤独、焦躁、易怒，从而导致了一系列行为和心理上的问题。

03　出台政策大力推行儿童友好城市，注重自然教育

国际政策
2019年联合国儿童基金会推出《构建儿童友好型城市与社区手册》

国内政策
在《中国儿童发展纲要(2021—2030年)》中第六部分提出注重加强自然教育有关方面

武汉政策
武汉市规划协会举办"儿童友好城市"主题沙龙

问卷调查：发出**有效问卷103份** | **问卷目的**：**从家长角度**了解儿童自然教育情况与对自然教育的情况

01 调研用户

父母　　　　　　　　　　　　　　　　　　　　　　　　　　　　　　　孩子

受访家长中，爸爸有37位，妈妈有52位，其他家属有14位。

受访家长的孩子有28位在上幼儿园，40位在上小学，15位在上初中，20位在上高中。

02 当前自然教育的情况

- 有近一半的儿童接触自然的频率在一周1~2次，三分之二的孩子接触自然的频率较低。
- 绝大多数家庭有听说过自然教育，但是大部分家长并没有深入了解过。
- 几乎所有参加过自然教育的家长都愿意和孩子一起参加自然教育活动。

03 交叉分析

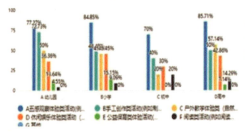

参加过自然教育的人群中，各个阶段人群都比较喜欢五感观察类和手工活动创作类。

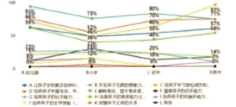

参加过自然教育的人群中，幼儿园、小学、初中孩子的家长都更希望孩子在自然教育中开发创造力和培养热爱自然的意识，而高中孩子的家长更希望孩子在环境中减压。

总结

1. 儿童需要更多接触自然的时间，同时自然教育的普及程度目前还需提高。
2. 不同年龄段孩子和家长对活动种类和期望相似，幼儿园、小学孩子的家长更注重知识学习，初高中孩子的家长更注重放松身心。对不同儿童所需，设计自然教育活动细节的侧重点应不同。
3. 家长与孩子一起参加自然教育活动的积极性很高，要注重自然教育活动中家长的参与形式。

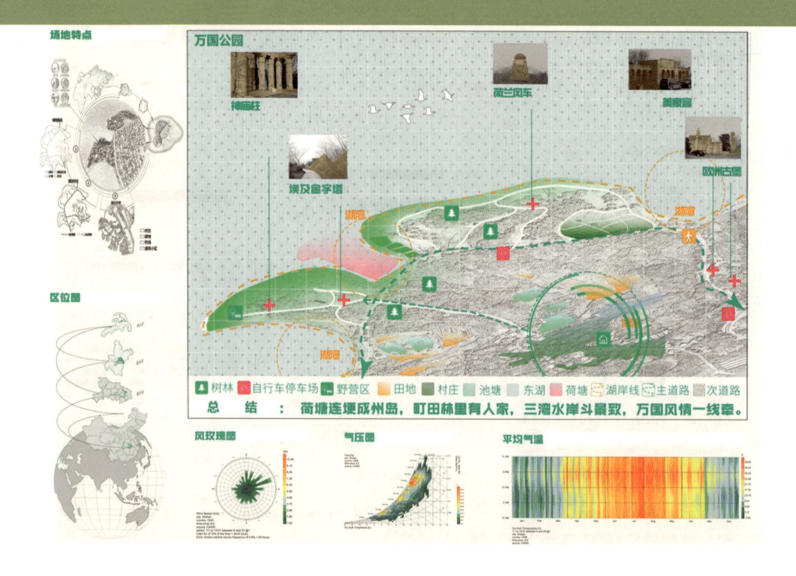

现有植物分析

万国公园植物类型丰富，四季皆景。

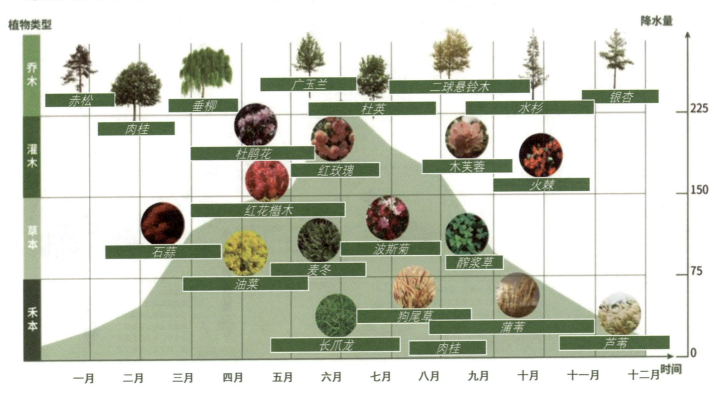

实地调研与访谈

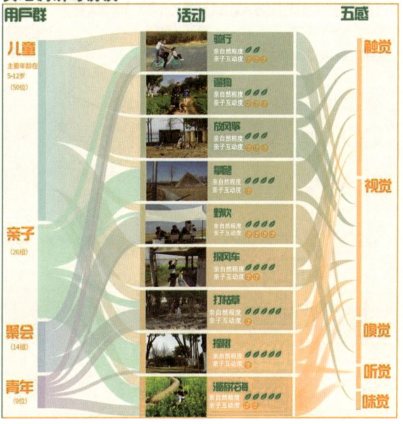

用户群 | 活动 | 五感

儿童 主要年龄在 5-12岁 (50位)
亲子 (26组)
聚会 (14组)
青年 (9位)

活动：骑行、遛狗、放风筝、荡秋千、野炊、探风车、打枯草、摇树、漫游花海
（亲自然程度 / 亲子互动度）

五感：触觉、视觉、嗅觉、听觉、味觉

总结：
1. 来万国公园玩的主要人群为亲子，这里的景色和设施对儿童充满吸引力。
2. 部分亲自然程度高的活动，亲子互动度反而很低，家长在旁边观看会逐渐失去耐心，觉得无趣。

同游客交谈
"万国公园二十年前就有了，我经常在这里骑行，但是现在变成网红打卡地了，不是很喜欢这种趋势。"

同村民交谈
"我就是这里的村民，这里盛产菜薹、萝卜、油菜花等，我卖的就是家里种的，质量好！但是游客买的不多。"

同村民交谈
"这里很有意思！风景也很好，就是这风车怎么破破的，里面有点脏，不过我不在乎，爸爸妈妈给我洗衣服！"

PART 2　设计主题

设计构想——以二十四节气为主题的游戏式自然教育公园

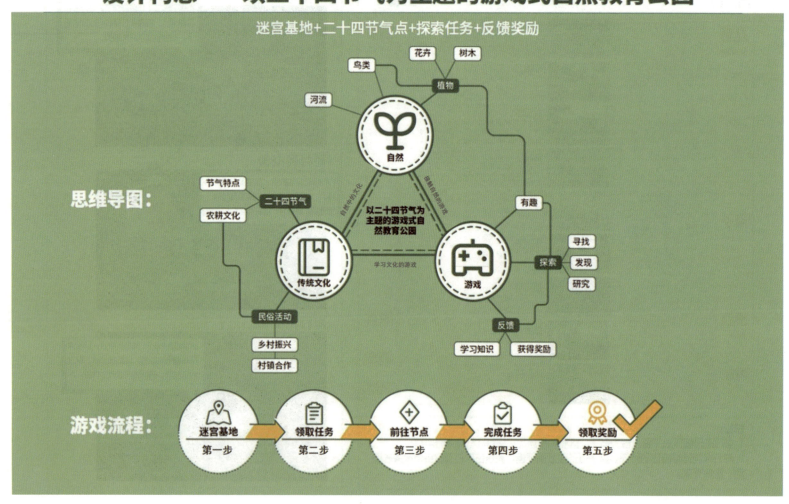

节气任务

游戏任务根据节气特点设置
季节不同任务不同

节气	任务春	任务夏	任务秋	任务冬
立春	收集两朵掉落的迎春花	在任务卡上画迎春的枝条	在任务卡上画迎春的枝条	学习跟棕背伯劳有关的知识
雨水	敲击鼓阵列,写下你的感受	敲击鼓阵列,写下你的感受	敲击鼓阵列,写下你的感受	敲击鼓阵列,写下你的感受
惊蛰	认识三种昆虫并在任务卡上写下它们的名字	认识三种昆虫并在任务卡上写下它们的名字	认识三种昆虫并在任务卡上写下它们的名字	认识三种昆虫并在任务卡上写下它们的名字
春分	学习关于春分的地理知识	收集一朵掉落的花,并在任务卡上写下花的名字	收集一朵掉落的花,并在任务卡上写下花的名字	学习风筝的制作过程
清明	寻找并背诵一段同清明相关的诗句	学习跟柳树相关的知识	收集五片掉落的柳叶	观察并描摹柳枝的形态
谷雨	为作物浇一次水	为作物浇一次水	为作物浇一次水	为作物浇一次水
立夏	称称自己的体重吧	称称自己的体重吧	称称自己的体重吧	写下三件你明年夏天最想做的事
小满	使用一次敏器	捡一块浅水里的石头	捡一块浅水里的石头	使用一次敏器
芒种	认识五谷	认识五谷	认识五谷	认识五谷
夏至	跟阳光合影	学习关于夏至的地理知识	跟阳光合影	跟阳光合影
小暑	认识凌霄,画出你想象的凌霄花	画一朵凌霄花	画一朵凌霄花	认识凌霄,画出你想象中的凌霄花
大暑	学习同山斑鸠有关的知识	了解萤火虫的习性	了解黑水鸡的习性	了解萤火虫的习性
立秋	为植物浇浇水	为植物浇浇水	收集五种不同的落叶	收集五种不同的落叶
处暑	画一个你想象中的荷花灯	画一个你想象中的荷花灯	画一个你想象的荷花灯	画一个你想象中的荷花灯
白露	写一首有关白露的诗歌	描绘你心中"伊人"的模样	找到"蒹葭"	今天回家,吃个热腾腾的红薯吧
秋分	学习关于芦苇的知识	学习跟芦苇有关的知识	学习跟秋分有关的地理知识	学习跟芦苇有关的知识
寒露	给桂花树浇一次水	想象一下,画出一片金黄的枫叶	捡一朵飘落的桂花,闻一闻桂花的香	画一条跃出水面的鱼
霜降	画一棵结满了柿子的柿子树	画一朵美丽的菊花	今天的昼夜温差是多少呢	画一个好吃的柿饼
立冬	了解绿头鸭的习性	学习跟红椒山鸡有关的知识	收集五片不同的落叶	画出自己心中冬天的感觉
小雪	收集三种不同形态的雪花	收集三种不同形态的雪花	收集三种不同形态的雪花	收集三种不同形态的雪花
大雪	收集三种不同形态的雪花	收集三种不同形态的雪花	收集三种不同形态的雪花	收集三种不同形态的雪花
冬至	学习跟棕头鸦雀有关的知识	了解黑尾蜡嘴雀	了解树鹨的习性	学习跟冬至有关的地理知识
小寒	今天最低温度是几度呢	今年冬天最想做什么呢	锻炼身体,做十个蹲起吧	今天最低温度是几度呢
大寒	今天回家后,打扫一下自己的房间吧	画一片雪花	画一片雪花	今天回家后,吃一顿好吃的吧

园区活动内容与开展形式

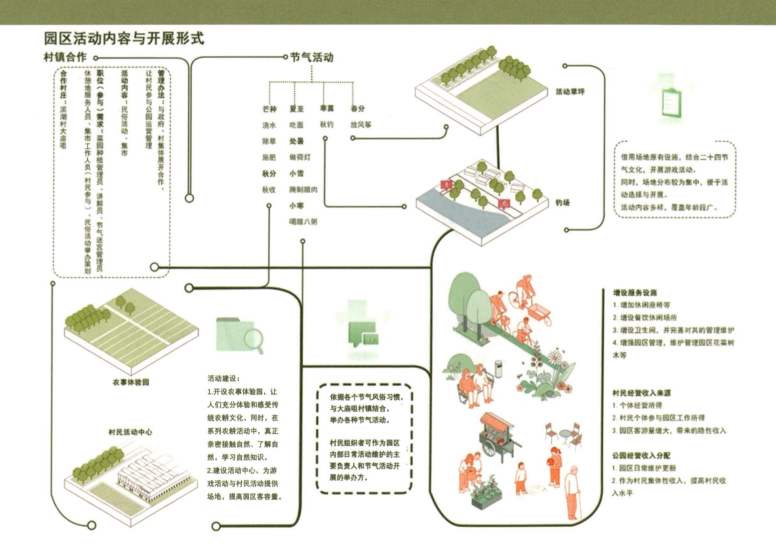

PART 3　成果展示

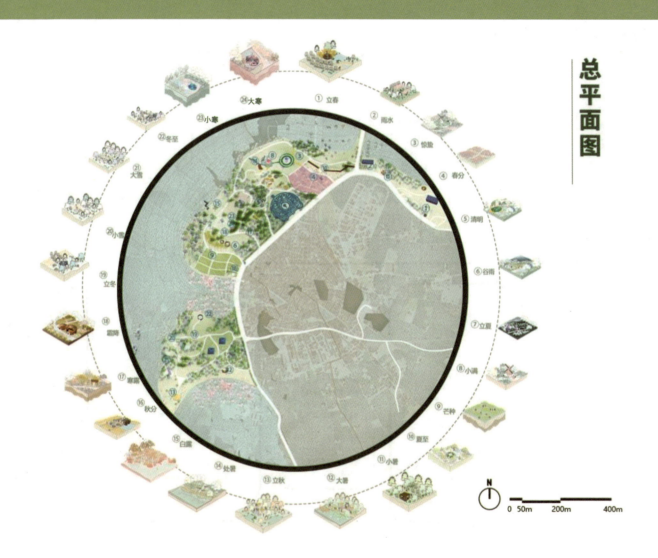

总平面图

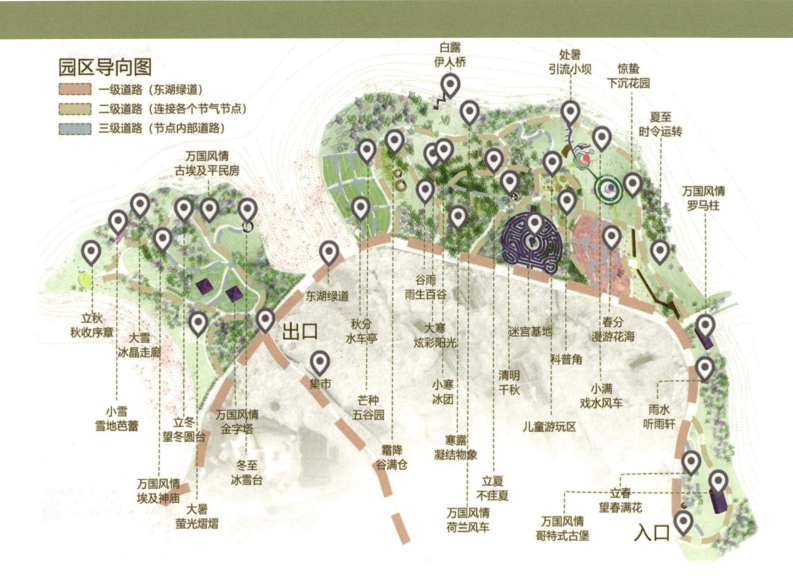

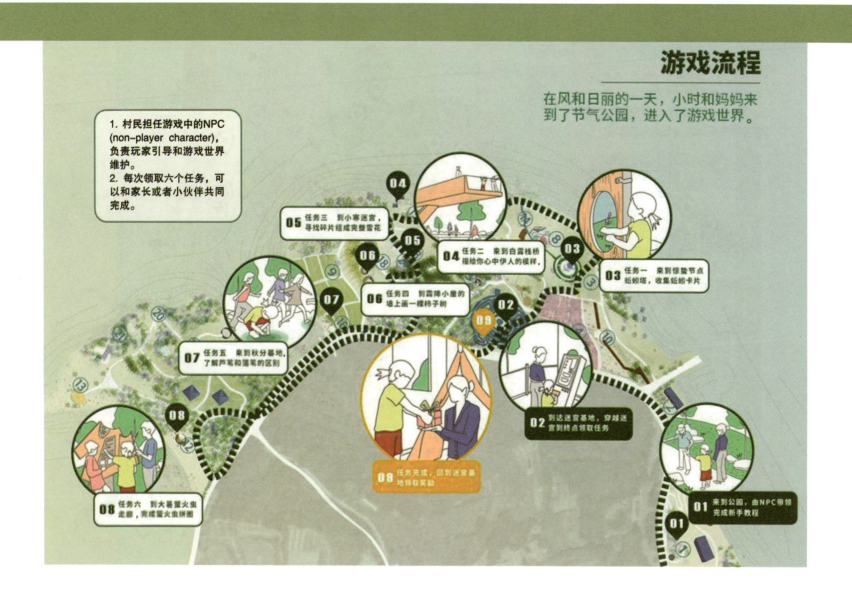

公园配套线上云展App——时令浮空岛

园区内采用线上线下结合的形式，丰富自然教育形式以及学习内容和学习形式。

本App主要以介绍二十四节气中的天文、物候、农事、民俗活动知识为主，以交流、交友、活动为辅；以平面图画、动画介绍为主，以科普小游戏为辅，让浏览者更好认识和了解二十四节气相关知识，以一种更加便捷广泛的传播形式，通过视听冲击，让观者感受"二十四节气"的文化魅力，从而弘扬中华文化，感受岁时节令的变化规律。同时通过游戏与动画的方式，深化观者体验感受，更好地传播中华民族优秀传统文化。

场景中有许多交互节点可以点击，点击后可以转到具体的场景，再对交互节点点击可了解对应知识或参加对应活动。

天文岛： 天文岛的主要形式为一个地球，周围有环状日暑道，地球部分由植物包裹，地球内部也有一定的空间可以探索。

物候岛： 物候岛的主要形式为自然丛林岛，里面有玻璃晶体，玻璃晶体里有代表二十四节气的植物花叶种子、动物标本、羽毛造型等，岛上的植物也在进行不断的四季变化。

农事岛： 农事岛的主要形式是一艘飞船，生态农耕区和农业知识展示区交叉布置在内。

民俗岛： 主要形式为三个泡泡岛，围绕着民俗岛即可了解节日民俗。岛气岛周围小小环岛每个大点击对应解。

主界面： 内含天文岛、农事岛、物候岛三大浮空岛，以漂浮小岛的形式环绕民俗岛周围。

宝库： 内含成就任务系统，可回看看展中搜索到的藏品和新拍摄的相片。

天文岛界面： 在主界面点击选择节气后，可详细了解某一节气的天文知识。

农事岛界面： 了解与相关节气有关的特色活动，可深入交互参与活动。

物候岛界面： 详细介绍物候岛某一节气的景观区域，可深入交互参与活动。

民俗岛界面： 详细了解某一民俗活动习俗，可以点击深入交互参与活动。

社区： 可以与好友一同看展，也可以认识周围对节气感兴趣的人。

个人： 个人信息界面，内含足迹、留言、设置、服务等板块。

详细页面： 最终节点会详细介绍相关节气所对应的知识。作为对园区所见所做所参与之事的补充，丰富知识获取途径。

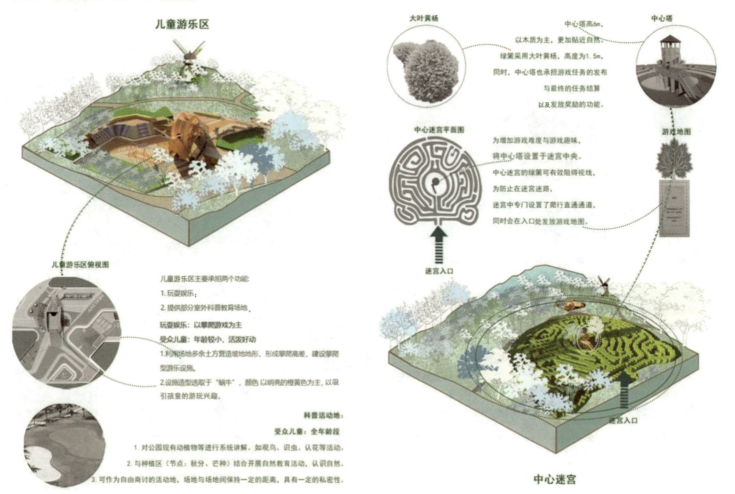

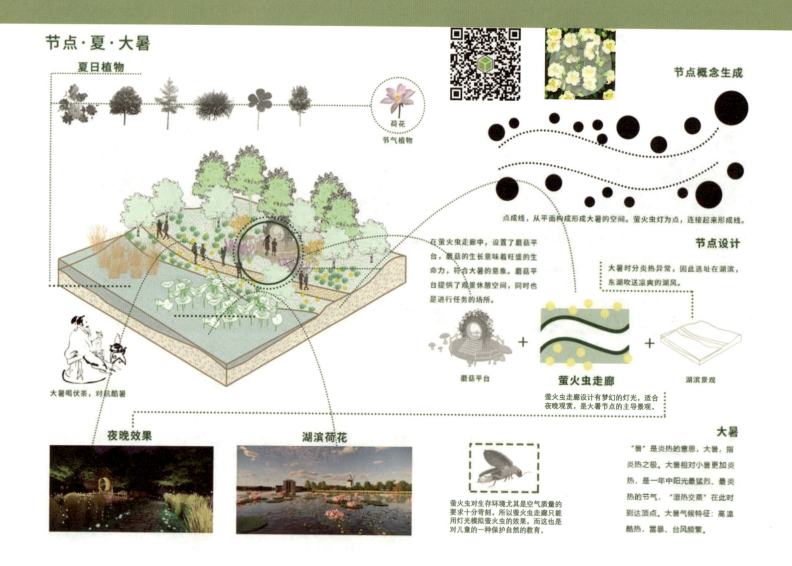

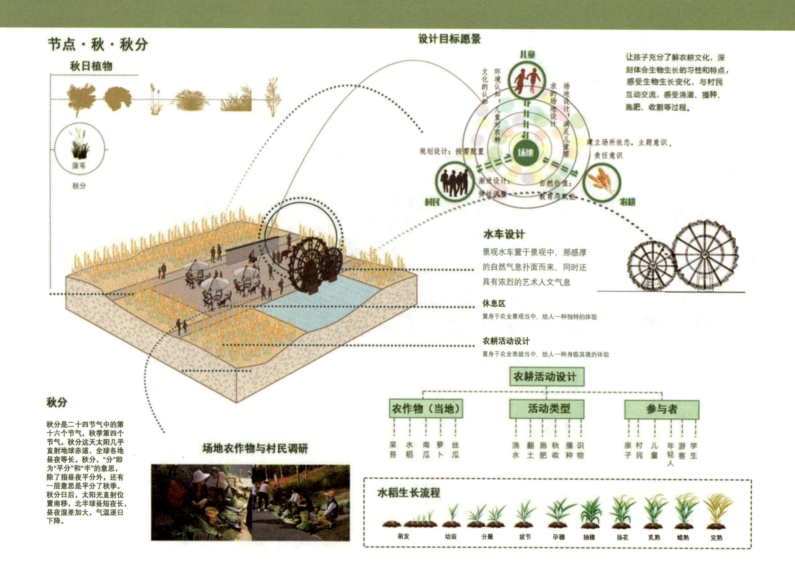

WINTER

- 芒种——五谷园
- 霜降——谷满仓
- 棕头鸦雀
- 小寒——冰团
- 大寒——炫彩阳光

立冬	小雪	大雪	冬至	小寒	大寒
立冬宣示着寒冷的到来，围绕着看台的树林叶子此时已经落下许多了吧，来这里领取属于你的节气卡吧	小雪预示着冬天的降水来临快来这个雪花主题座椅休息一下吧	大雪过后，深冬将至雪花主题的穿梭异形座椅在冬季形成别样的景致	冬至时节，白昼最短冬至主题平台上有着日晷学习学习冬至的地理知识吧	小寒大寒，冷成冰团冰蓝色的圆形空间，彰显小寒之寒，同时与大寒形成呼应	冰天雪地，天寒地冻温暖的阳光成为心中的念想围合空间，呼应迷宫彩色玻璃的设置更显阳光灿烂

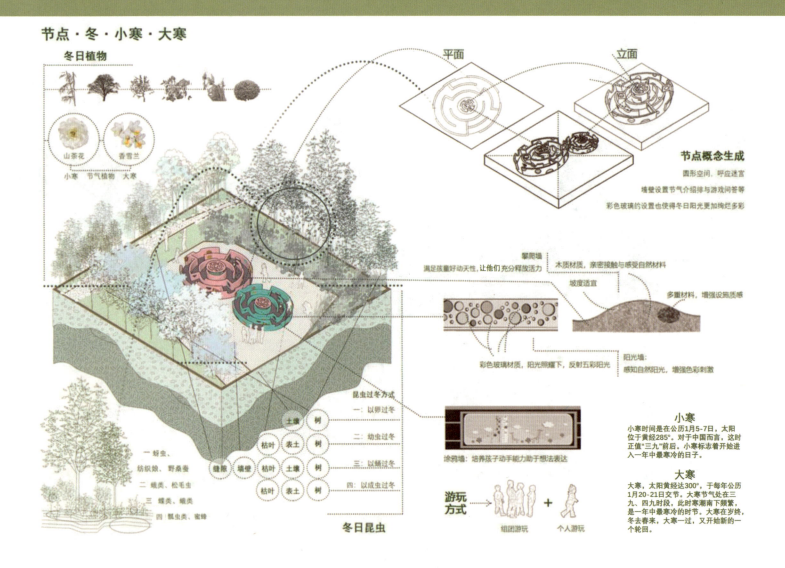

衍生文创设计

案例二

声绘方塔园·音蕴常熟景

团队成员：黄安祺、张祉航、王馨竹、李嘉霖

设计说明：利用现代化技术手段将自然之音和历史文化之声进行数字化的记录和再现，植入文化声音，增加人景互动，强化历史印记；利用场地特色，置入标志声景，营造园林意境；合理划分节点，打造宜人场景，增强五感交互。

PART 1　现状分析

■ 区位分析

常熟古城位于苏州常熟市中心，素有"七溪流水皆通海，十里青山半入城"的美誉。

方塔园位于常熟古城东部，历史上可追溯至南宋时期，是常熟市内最大园林，常熟古城的制高点，也是常熟人心中的城市标志。

历史文脉

方塔历史
常熟方塔为原崇教兴福寺塔，原名崇教宝塔，是人们心中的**城市之宝**。

虞山古琴
虞山琴派为国家"非遗"代表性项目，**发源于常熟**。目前虞山琴派的古琴演奏艺术已出现濒危趋势。

苏州评弹
苏州评弹是国家"非遗"代表性项目。常熟因其设立书场之多、听客之众被誉为**江南第一书码头**。

茶文化
常熟人爱喝茶，虞山茶文化**历史悠久**，其制作技艺被列为苏州市"非遗"代表性项目。

藏书与碑刻
常熟现仍有众多藏书楼与藏书馆，是全国同级城市中拥有**碑刻数量较多**的一座城市。

■ 使用现状

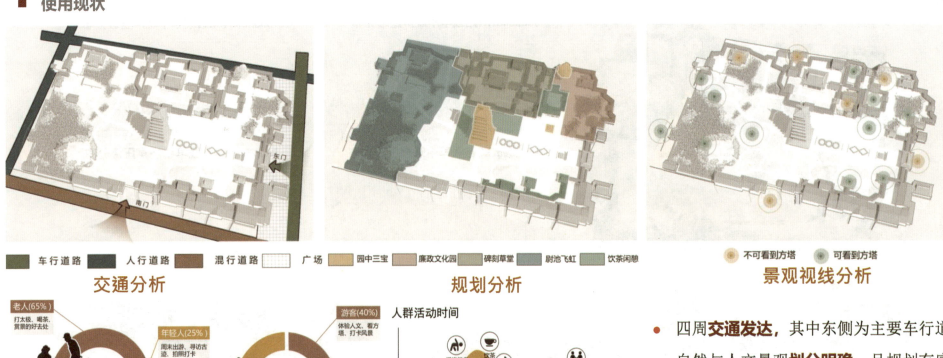

- 四周**交通发达**，其中东侧为主要车行道。
- 自然与人文景观**划分明确**，且规划有序。
- **方塔**位于园内中心，各区域观赏方塔的**视线可达性较好**。
- 使用人群活动时间有所不同，主要人群为**老年居民**。

■ 声环境调研：客观声环境

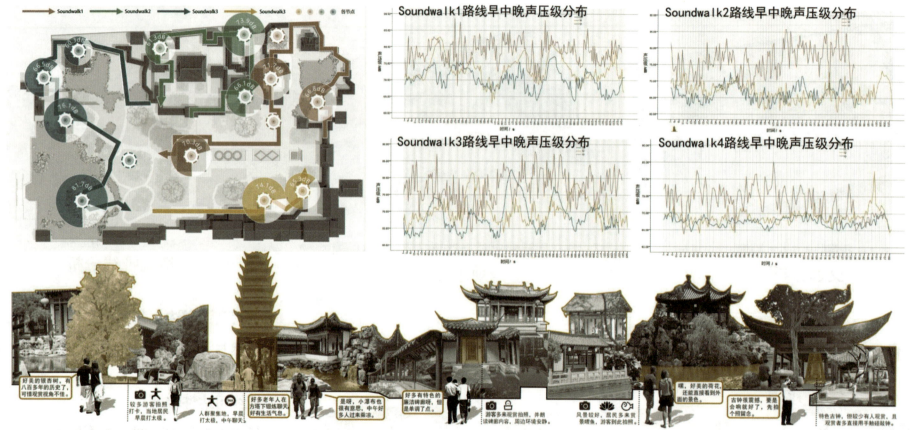

- **西南侧**受**外界影响**，人声以及交通**噪声干扰**较大，需要进行**声掩蔽**。
- **早晨时段**的声压级均**大**于中午和晚上，且经过古银杏和方塔路径的声压级相对较大。
- 人群多集中于水域、**古银杏**和**方塔**处。

■ 声环境调研：主观声环境

愉悦度

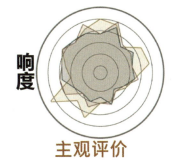
响度

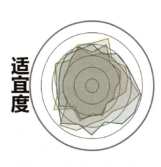
适宜度

主观评价

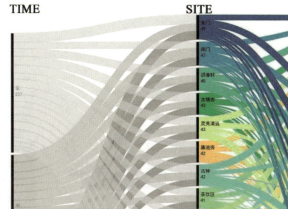

年轻人说……

小孩说……

老年人说……

外地游客说……

人群需求

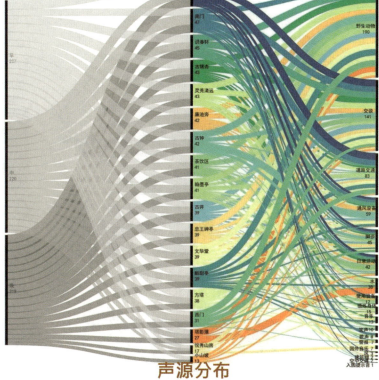

声源分布

- **水域**的愉悦度和适宜度相对较高，**碑刻博物馆**响度最低。
- 使用人群期望在**保留原有环境**的同时**体会人文历史**。

- 声源类型主要为蝉鸣、鸟叫等**自然声**和**人声**。

- 问题总结

文化

传统历史文化被忽视

评弹艺术与虞山古琴或被束之高阁，或被掩于街巷，有声的艺术以无声物品的形式藏于小巷之中，无人问津，难以深入民众而被广为流传。

碑廊上镌刻的历史警言和廉政故事被匆匆的游人抛至身后，不看、不读、不品，让丰厚的经验教训就这样仅仅存在于幽静的园林之中。

声音

声音单调缺乏特色

方塔是方塔园乃至常熟的标志性建筑，但是方塔园内部却缺乏能代表方塔的标志声展示地域特色，不能吸引游人兴趣，激起人们遐思。

部分路径过于幽寂

饮茶区、方塔下人声鼎沸，方塔园的北面和南面却幽深僻静，古钟和碑廊仿若被遗弃在角落，无人问津。

人群

游客游览空间无重点

游客在游览过程中难以发现令他惊喜的景观，整个观赏游览过程毫无起伏，缺少记忆点容易让他忽视方塔园内的闪光点和历史底蕴。

当地人活动空间太单一

相比于常熟的其他园林，方塔园更热闹也更空旷炎热，当地人大多在喝茶区和方塔下唠家常、打太极。

PART 2　设计策略

■ 解决问题：以方塔六境展示常熟文化的游园体验

利用现代化技术手段将自然之音和历史文化之声进行数字化记录和再现

自然之音
- 风拂银杏之音
- 勾头滴水之音
- 水滴荷叶之音
- 风过奇石之音
- 鱼乐·鱼跃之音

历史文化之声
- 评弹声
- 古琴声
- 古钟声
- 细读碑文声

路线串联

植入文化声音，增加人景互动，强化历史印记

利用场地特色，置入标志声景，营造园林意境

合理划分节点，打造宜人场景，增强五感交互

划分六境，移步异景
亲近自然，感悟文化
游人土著，怡然自乐

PART 3　设计手法

■ 方案总结

曲韵茶香
声学原理：八字音壁
加入"八"字形墙，利用声音的反射，强化评弹声的指向性，减少对其他区域的干扰；同时利用水面优化听觉效果。

音回廊转
声学原理：回声和声爬行
置入弧形光滑片墙，在一侧说话，声波遇到墙面会按照圆周方向不停地被墙面反射，另一侧仍然可以听见说话的内容。声波在该空间被多次反射后，产生重叠的反射声，形成回音的效果。

且听风吟
声学原理：声音可视化
借助原有的风吹树叶自然声，通过采集器与传感器，以地面灯光的形式将声音可视化，丰富声景感知。

虞音绕塔
声学原理：声反射
选取置琴点，利用"八"字形墙作扩音器，将琴声发散至塔；再利用塔檐和塔壁对声音的反射，将琴音扩散至园区。

荷塘听雨
声学原理：水声掩蔽
通过假石喷泉引入流水声，掩蔽周围人车噪声。下雨时，雨水拍打在荷叶上，流落进池塘里；天晴时，融于怪石的装置引出流水，淌于石缝间，掩蔽了车行声。

夜半钟声
声学原理：声折射
夜晚，上空的气温相对地面更高，声速更大，声音会向地面折射，传至更远的地方。

针对原有声环境的问题和特点，结合数字化技术，**掩蔽噪声，植入文化声，引入标志声。**

210

■ 交互设计

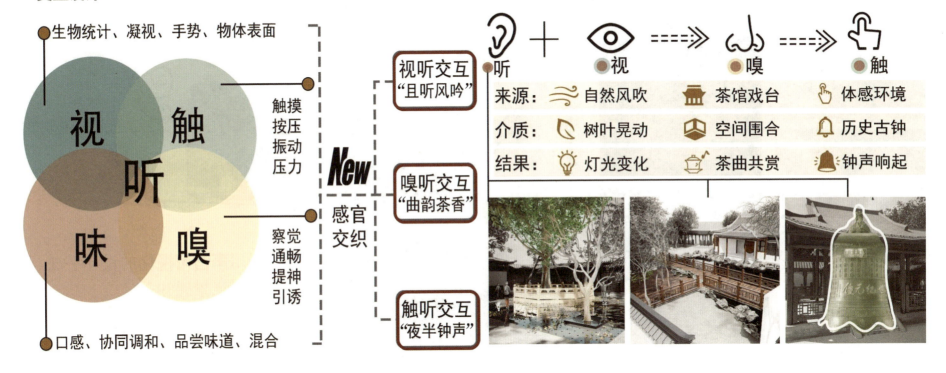

- 引入听觉与视觉、嗅觉、触觉的**交互设计手法**，丰富感官体验，加深场地设计记忆。
- 利用**自然声**，挖掘原有**历史声**。

■ 自然之声：且听风吟

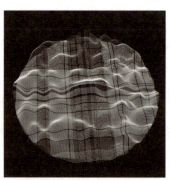
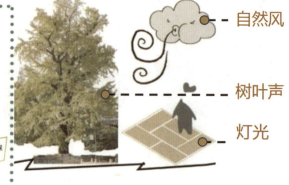

- 自然风
- 树叶声
- 灯光

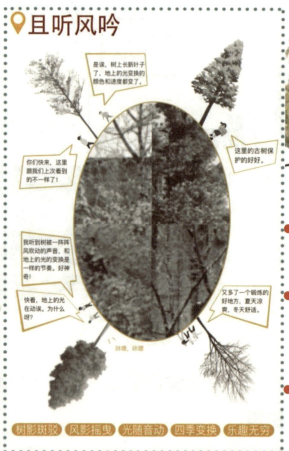

- 采用**声音可视化**的设计手法，丰富声景感知。

- 置入**采集器**和**传感器**，借助风吹树叶的自然声，使地面**灯光**产生变化。

- **视听交互**，强化人们对自然的感官体验。

■ 历史之声：音回廊转

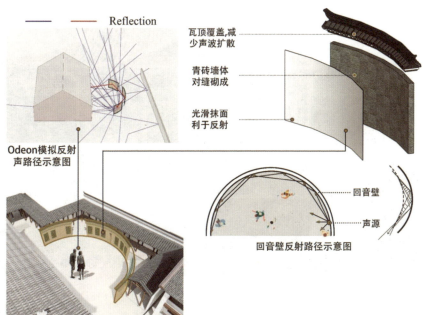

- 置入**回音壁**，利用**回声和声爬行**原理，营造肃穆氛围。

- 将碑刻的**历史文字变成声音**，配合**3D全息投影演出**，展现碑刻文化。

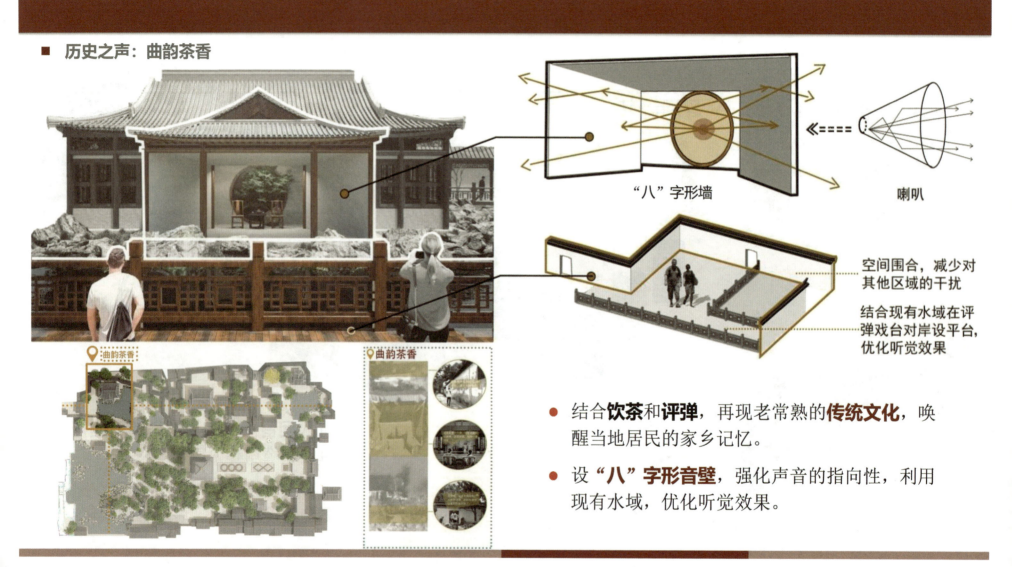

- **历史之声：虞音绕塔**

- 置入**古琴**，利用**方塔**，重现**古音**
- **MR古琴互动设备**
- 用"**八**"字形 墙壁做**扩音器**

声环境模拟方塔反射接收点示意图

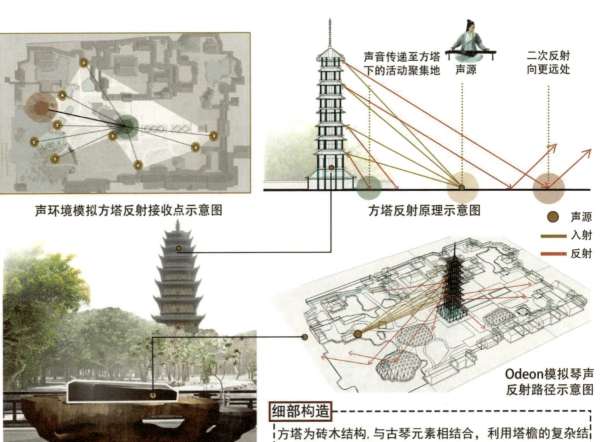

方塔反射原理示意图

声源
入射
反射

Odeon模拟琴声反射路径示意图

细部构造
方塔为砖木结构，与古琴元素相结合，利用塔檐的复杂结构以及砖墙的反射作用。

■ 自然之声：荷塘听雨

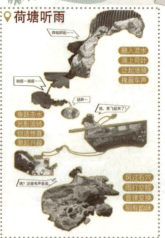

- 结合原有水域，引入**水声**，**掩蔽**周边的交通噪声。

- **重塑雨天**的意境场景，营造园林的清雅幽静之感。

- 假石喷泉融于环境，创造宜人的休憩场所。

历史之声：夜半钟声

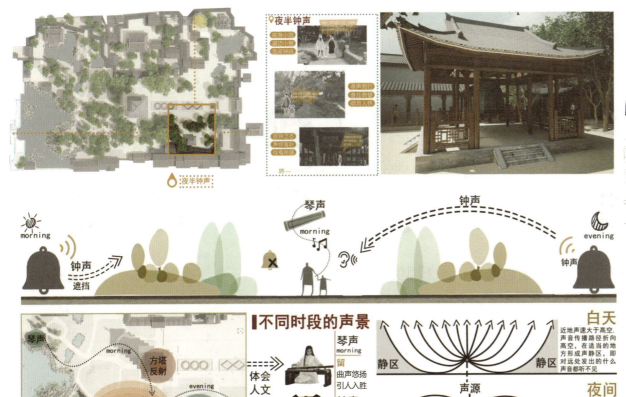

- 结合现有的地形，利用**声折射**现象。
- 区别在**昼夜**不同时段，古钟声的**传播范围**。
- 重启**古钟之声**，使之成为听觉上的**时间标识**。

PART 4　全过程数字技术应用及实践

■ 全过程数字技术应用

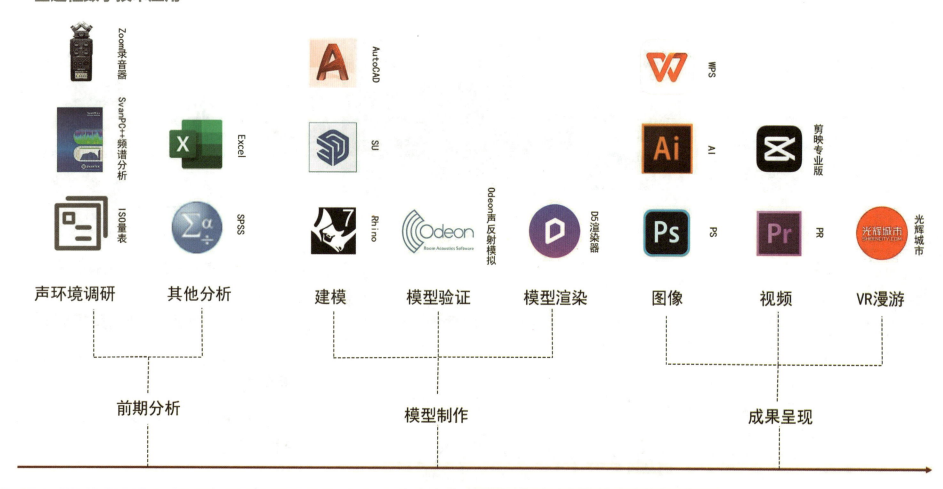

■ 声环境调研技术路径

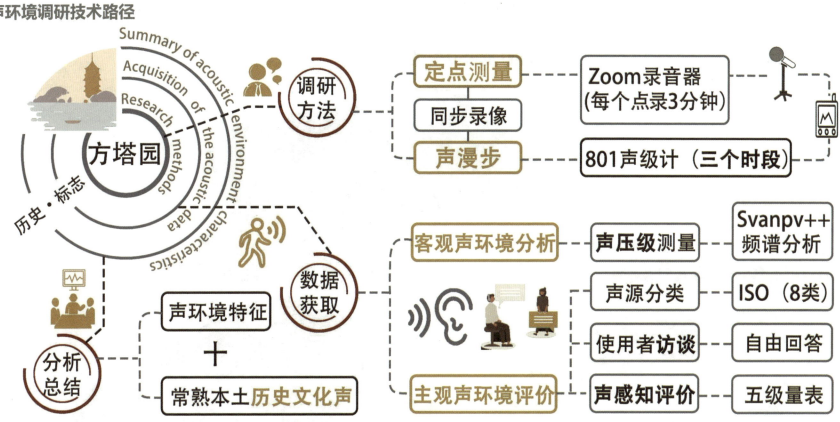

调查方法： 对方塔园原有的**客观声环境**和**主观声环境**进行大量调研。根据场地的使用现状，选取具有代表性的**4条路径**进行**声漫步**，并**定点测量12个空间节点**。测量分别于**早、中、晚三个时段**进行，同时采用ISO的**主观评价**方法进行打分。此外，对不同使用人群进行**访谈**，了解各个群体的需求。

■ 项目数字化创作过程

场地3D模型倾斜参考

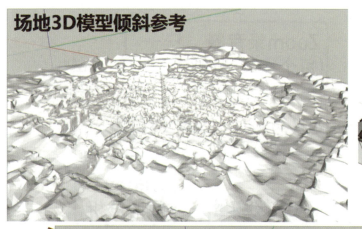

完成场地SU模型建造

Odeon模拟声反射路径

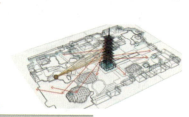

CAD平面绘制并导入SU建模

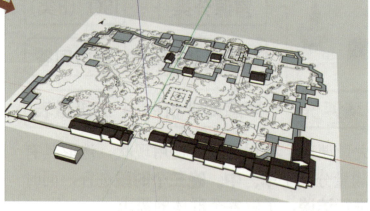

完成景观节点SU模型建造

VR漫游系统导入

PART 5　成果展示

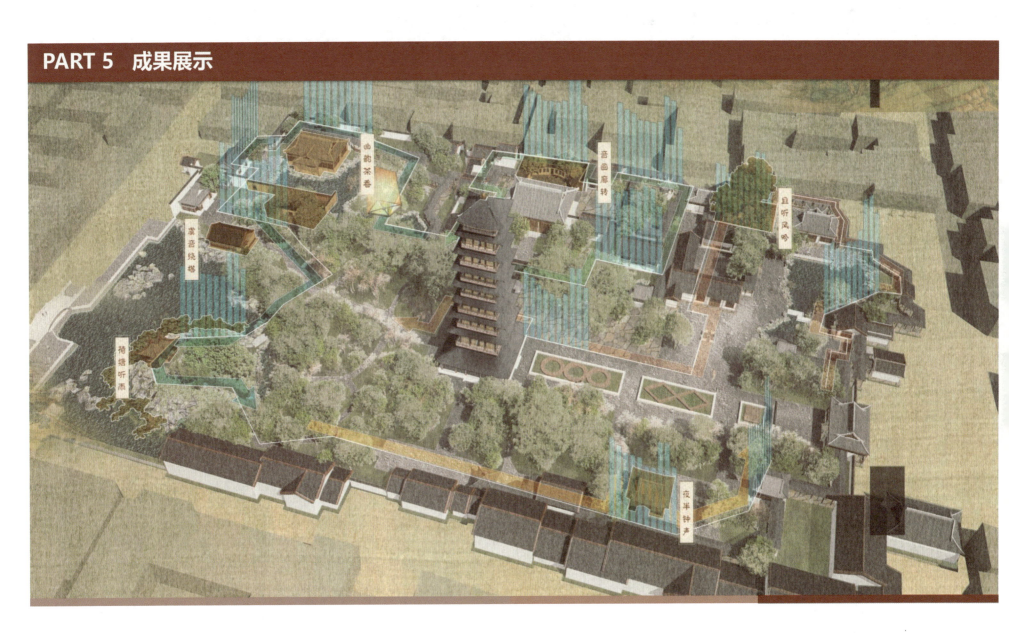

第四章 历史遗产保护与利用设计

历史遗产，是指在城乡聚落发展过程中具有较高历史、文化、艺术以及科学价值的物质文化与非物质文化遗存。物质文化遗产为承载历史文化信息的空间实体要素，如历史建筑、历史水系、历史街巷、历史园林、文化景观等；非物质文化遗产则为影响物质空间形态与社会生产生活组织的虚体要素。

历史遗产保护与利用设计，是指对物质文化遗产和非物质文化遗产进行保护、利用和再生产的设计活动。其核心目标是确保历史遗产在得到有效保护的同时能够被合理利用，发挥其在城市更新、乡村振兴、产业发展、环境提升等方面的积极作用。

第一节 历史遗产保护与利用设计原则

我国在历史遗产保护方面，已经构建了明确的法律法规框架，包括《中华人民共和国文物保护法》《世界文化遗产保护管理办法》《中华人民共和国非物质文化遗产法》《历史文化名城名镇名村保护条例》等。同时，各省、自治区、直辖市也会根据本地实际情况，制定相应的历史遗产保护和利用的地方性法规和政策，确保文物保护与利用工作符合地方特色和需求。因此，历史遗产的保护与利用，需要遵循国家法律法规，明确基本的保护原则与管理体制。

在此基础上，历史遗产保护与利用设计应重点考虑以下几个方面：

1. 将历史文化资源保护与利用纳入国土空间规划体系

将历史文化资源作为国土空间基础要素纳入国土空间规划体系，在基础信息、规划编制、实施管控等多环节进行有效整合，确保在国土空间规划和实施过程中，历史文化资源得到有效的保护与利用。在数据整合层面，将历史文化资源的空间信息纳入规划一张图信息平台；在规划同步层面，在国土空间规划中明确历史文化资源保护与活化利用的空间管控要求；在监管统一层面，将历史文化遗产保护纳入国土空间规划实施监督体系。

2. 基于多元价值的历史文化资源保护传承与城乡空间可持续发展

注重历史文化资源多元价值的挖掘与阐释，是保护工作得以有效进行的基础。在认识到历史文化遗产资源本体普遍价值的基础上，充分挖掘其在城市空间组织与运行中的重要价值，包括空间实用价值、空间环境及景观价值、空间功能价值。旨在通过对历史文化遗产多元价值的保护和传承，充分利用历史文化遗产的空间资源属性，推动生态保护、产业发展、城市更新和乡村振兴，从而实现城乡空间的可持续发展。

3. 基于共时性与历时性的历史文化资源保护传承与可持续利用

在历史文化遗产的保护、传承和利用中，历史与当下交织在一起，二者相互影响、相互作用，共同构成历史文化遗产的连续性和完整性。对历史文化遗产保护需要重视从共时性与历时性的角度出发，理解其在不同时间与空间维度上的价值与保护原则。在共时性层面，强调在特定时间点上从空间维度关注各资源要素当下所呈现的空间关系，遵循物质要素与非物质要素的空间同构原则；在历时性层面，关注在时间动态变化过程中历史文化资源要素的沉积演化过程，遵循历史与当代的时间同构原则。

第二节　历史遗产保护与利用设计方法

历史遗产类型丰富、空间层次多样，其保护对象广泛，主要包括世界文化遗产、文物保护单位和不可移动文物、地下文物埋藏区、历史文化街区和历史街巷、历史河湖水系和水文化遗产、城址遗存、历史园林和古树名木、历史建筑、革命史迹、非物质文化遗产及其空间载体等。不同类型历史遗产的空间形态特征、文化特性及功能属性不同，因此对其进行保护与利用的方法也具有相应的差异性，需要针对不同类型提出相应的保护方法与策略。

下面以历史文化街区为例，按照背景分析、原则确定、价值评估、功能定位、形式表达、环境营造、数字表现七步走的工作方法，提出全要素全流程的历史文化街区保护与利用的设计方法和路径。

一、历史文化街区背景分析

历史文化街区背景分析是对街区进行保护与利用的前提。首先，需要对街区内的历史资源进行全面梳理，如历史街道、历史建筑及环境要素、历史事件、非物质文化遗产等，明确其历史价值与文化意义。其次，分析历史要素之间的空间与视线关系，如街道布局、广场与建筑的对景等，理解其在历史发展中的空间组织逻辑。最后，总结街区当前存在的空间问题，如历史资源保存不当、功能失配、交通拥堵、设施老化等，为后续的设计提供依据。这一分析过程需综合运用历史研究、空间分析、社会调查等多种方法，以确保全面、深入地理解街区的历史与现状。

二、历史遗产保护原则确定

历史遗产保护原则的确定，需要严格依据国家及地方法律法规，遵循上位规划的指导性规定，并结合其他相关规划的具体要求，以确保保护措施的合法性、合规性及实施的连贯性。需要全面梳理相关的法律法规、上位规划和相关规划，以构成历史文化街区保护与利用设计的法理和政策基础，为后续设计工作提供必要的政策和法律依据。

三、历史遗产价值评估与保护区划定

历史遗产价值构成是多维度的，它不仅包括其固有的普遍价值，还包括作为城市空间要素的衍生价值。首先，为了全面精准地把握历史文化街区的价值特征，需要构建全面的多维度的价值评价体系。其次，依据这一评价体系，对街区内各类历史遗产价值进行全面评价和打分，生成价值评价分析图，总结提炼历史文化街区的核心价值特征。最后，在价值评价的基础上，划定历史文化街区保护区与建设控制地带的范围，并分别提出相应的保护要求。

四、社区需求调研与功能定位策略

在历史文化街区功能定位层面，需要平衡历史文化价值与当代生活需求。运用问卷调查、访谈、观察等多种方法，深入了解居民、游客、商家等不同利益相关者对街区的需求和期望。在此基础上，结合区域长远发展目标，提出历史文化街区的总体功能定位策略，明确现代功能的导入方向，如将历史建筑改造为文化展览馆、艺术工作室、咖啡馆等，同时考虑引入现代商业、教育和娱乐设施等。

五、历史形式语言提取与当代转译运用

在历史文化街区风貌保护方面，不仅要保留其历史形式语言，更要将其与当代元素巧妙融合。运用类型学的方法，系统地分析和分类街区中的历史元素和风格特征，提取具有代表性和象征意义的符号，如建筑形制、空间组织方式、文化符号等，将其作为设计原型。根据当代功能需求和审美标准，运用现代设计理念和技术手段，在空间形象与内涵意蕴两个层面进行转译，以实现历

史语言的当代表达。

六、历史环境再现与意象营造

历史环境的再现与意象营造是传承记忆与激发情感的重要方法。首先，要深入研究历史文献和现存遗迹，对历史环境的原始风貌进行精确复原。接着，利用现代设计手法和艺术表现形式，将历史故事和文化元素融入街区的每个角落，通过雕塑、壁画、装置艺术等，营造出具有历史深度和地域特色的空间意象。运用这种方法，不仅能够重现历史场景，还能够唤起人们对过去的回忆和情感体验，从而加深对历史和文化的理解与认同。

七、历史遗产保护与利用的数字化技术方法

历史遗产保护与利用的数字化技术方法是一种现代科技手段，旨在通过数字技术对文化遗产进行保护、管理和利用，以实现文化遗产的长期保存和有效传承，主要包括三维激光扫描的数字化采集与分析、基于数字孪生技术的文化遗产虚拟再现、基于虚拟现实(VR)和增强现实(AR)技术的虚拟环境构建、基于人工智能(AI)和机器学习的历史遗产监测管理等。

第三节 案例

下面通过两个案例来生动诠释历史遗产保护与利用设计的原则和方法。

案例一

大智门：再出发

——汉口大智门火车站复兴改造概念设计

团队成员：吴楚风、胡翔斐、杜宇生、楚孟斐、邹思怡

设计说明：汉口大智门火车站地处原法租界边缘和京汉大道(原京汉铁路线)之间的狭长地块。在这里，我们能看到各历史阶段的建筑，宛如一部城市发展的纪录片。

借此次复兴并改造大智门的机会，我们希望根据编年史中的历史事件，转译出一个线性空间来隐喻武汉这座城市的百年发展史。如何从火车站出发表达出这段跌宕起伏的路程？我们想到了用过山车与建筑相结合的创新形式，既呼应了车站的功能，又能用一种全新的手段来让游客寓教于乐地体验历史与建筑。

PART 1　前期分析

大智门简史1917—1991年

FROM BEIJING

GET OFF THE TRAIN AT DACHIMEN

TO GUANGZHOU

TAKE A FERRY

BOARD THE TRAIN AT JIANGANZHAN

Hankou

Wuchang

旧中国铁路系统的中心

京广铁路是中国第一条长距铁路线。在长江大桥通车以前，北上南下的旅客都要在大智门下车换乘轮渡过江。大智门便成了旧时代中国铁路不可磨灭的核心记忆。

在旧与新的边界中黯淡

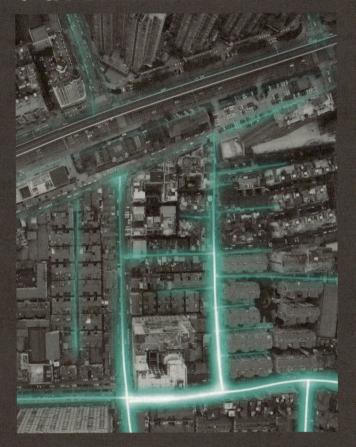

车站路的繁华

京汉街的冷落

◆ 昔日的交通枢纽在社区中消退
◆ 大智门附近的人甚至是该区域最少的
◆ 大智门建筑现不对外开放

场地周边人口活动热力图

PART 2　设计主题与思路

1.重振地标

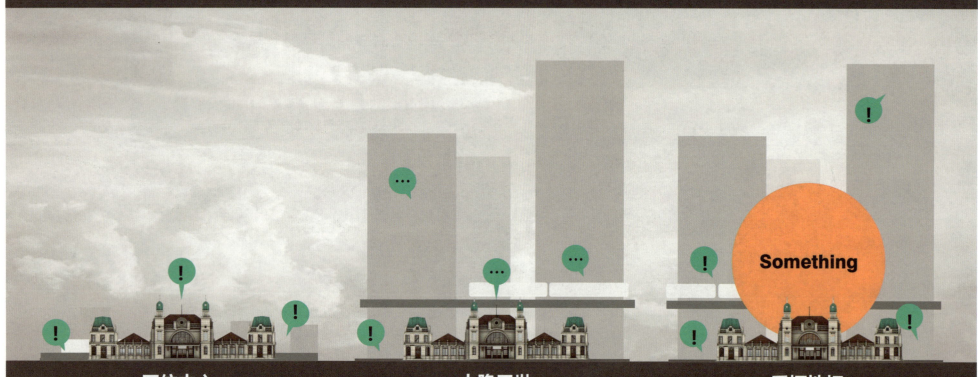

区位中心　1917—1991年

大隐于世　1991—2022年

重振地标　2022年至今

2.回溯场所的功能记忆

人们因何而聚集……

1930年
开始一段旅行

2020年
无事可做

2030年
???

人们在此登上……

1930年
火车

2030年
**过山车——
一段新的轨道旅程**

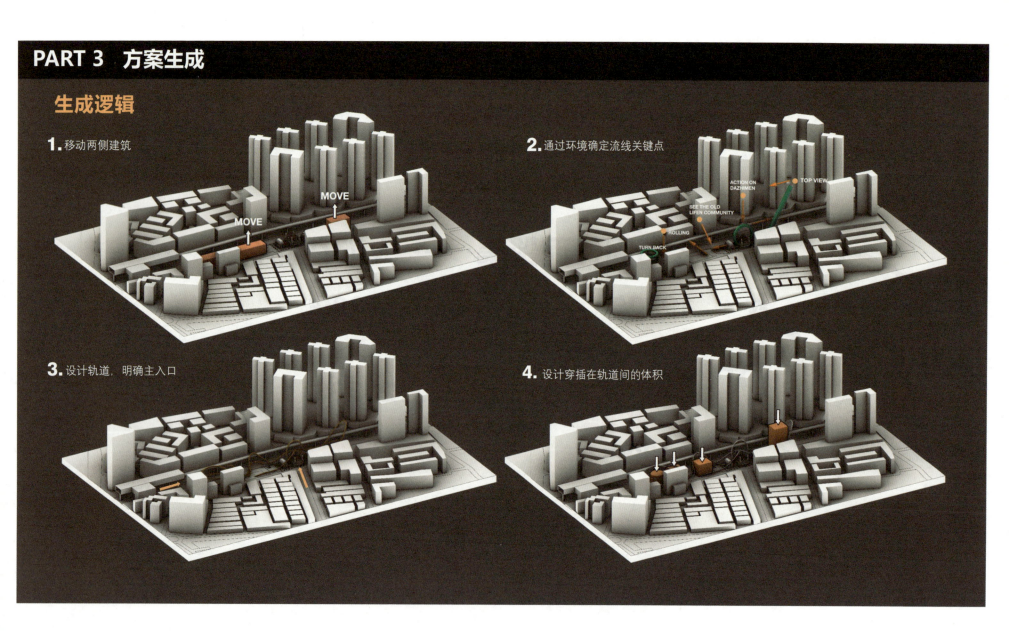

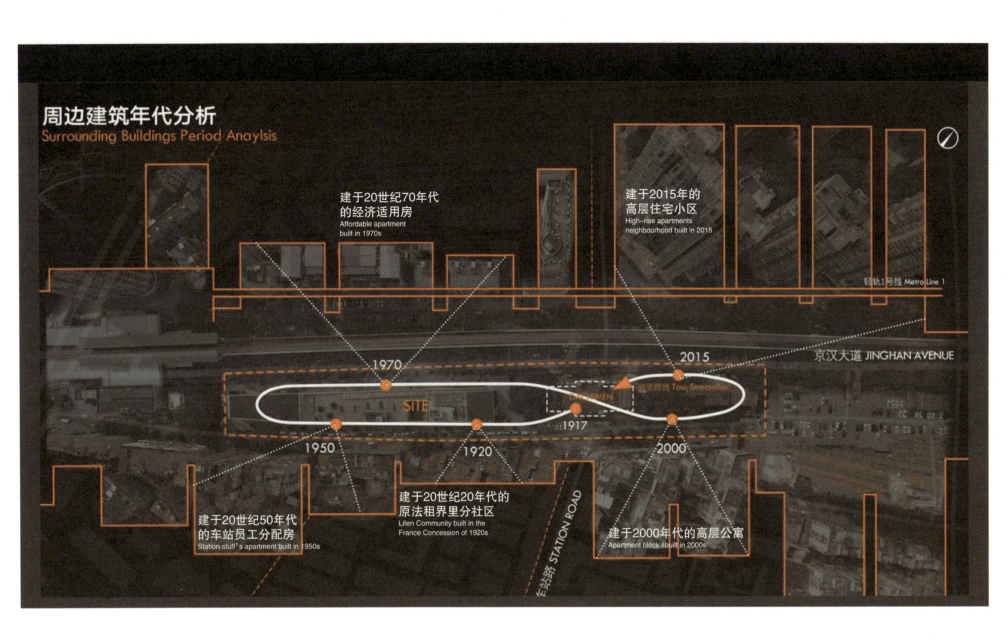

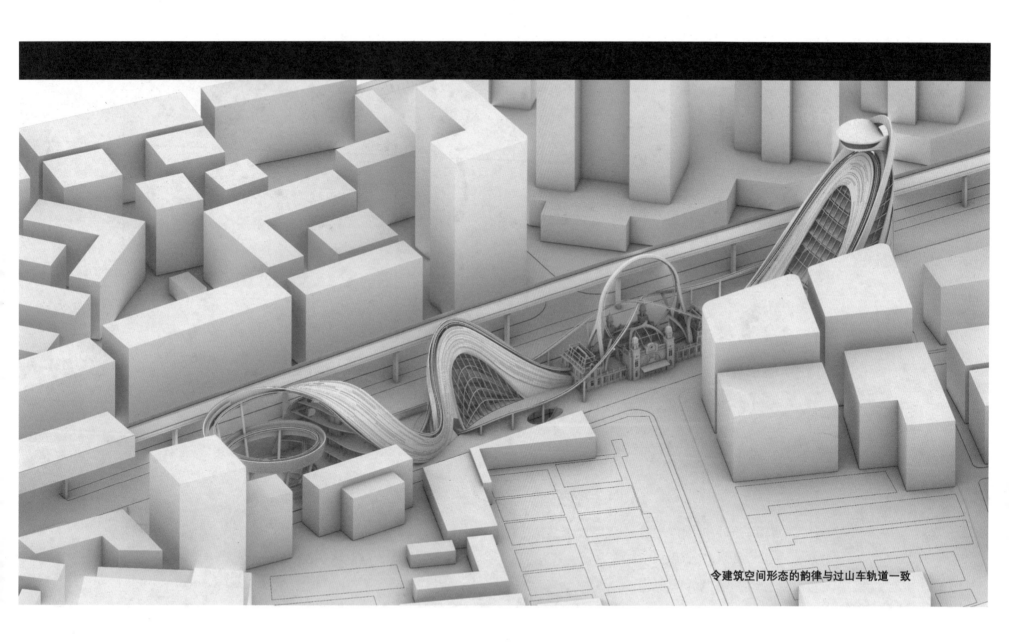

令建筑空间形态的韵律与过山车轨道一致

PART 4　方案展示

跨越百年的候车厅

 摒弃游乐园痛苦的排队制

与现代火车站相仿的预售、候车、检票制

◆ **流线爆炸分析图**

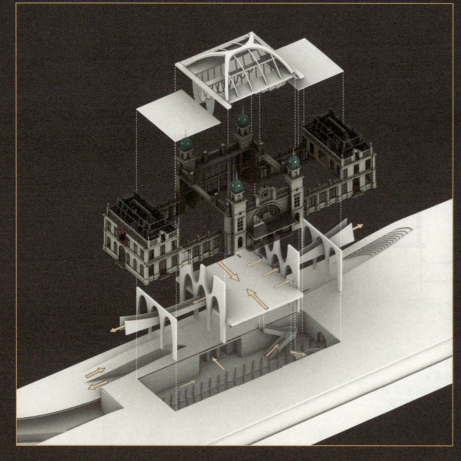

◆ **轨道与车站的穿梭关系**

1 LSM Launch（LSM 发动器）
2 Rolling Loop through Station（过山车圆环穿过站台）
3 Fly over Station（飞越站台）
4 Rolling Upside down on Station（在站台上下穿梭）

大智门部分平面图

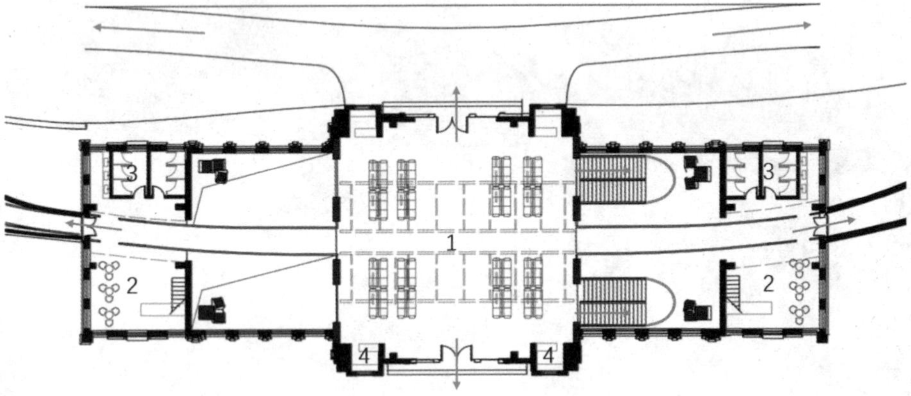

一层平面图 1:100

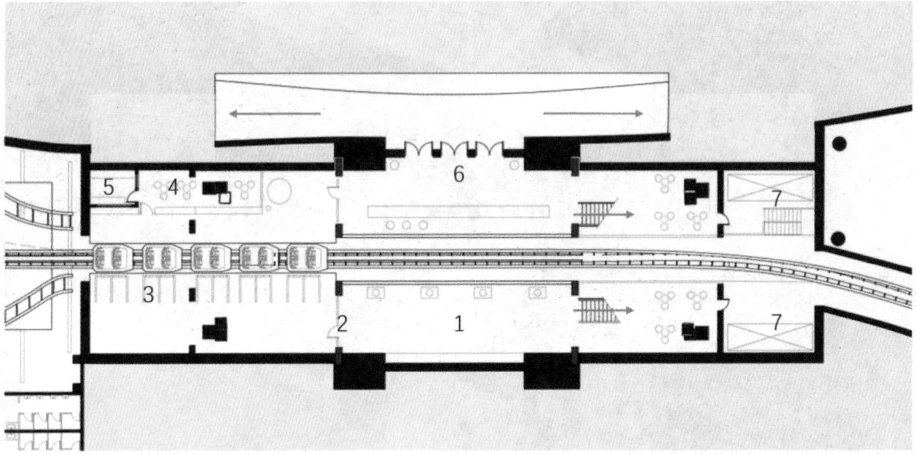

负一层平面图 1:100

1 等待大厅
2 咖啡吧
3 休息室
4 票务室

1 展览馆
2 入口
3 候车站
4 存包处&放弃乘车区
5 过山车控制室
6 出口
7 机械室

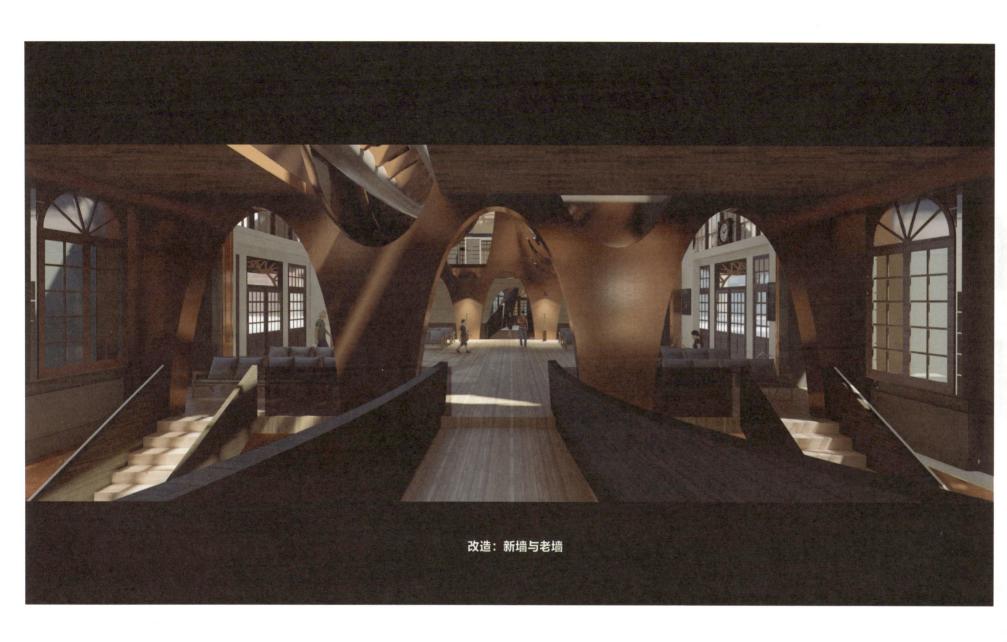
改造：新墙与老墙

◆ **双结构系统**

过山车运行会产生震动。如果震动传到老建筑,会加速破坏大智门的结构,因此在同一空间下,我们设计了两套结构体系来消解震动的传递。

静荷载——原大智门

动荷载——轨道系统

细节大样 1∶20

1 钢梁
2 绝缘体
3 聚碳酸酯板
4 玻璃
5 铝盖板
6 橡胶
7 负载连接系统
8 石膏
9 混凝土
10 砖

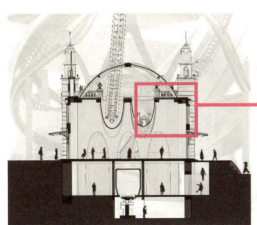
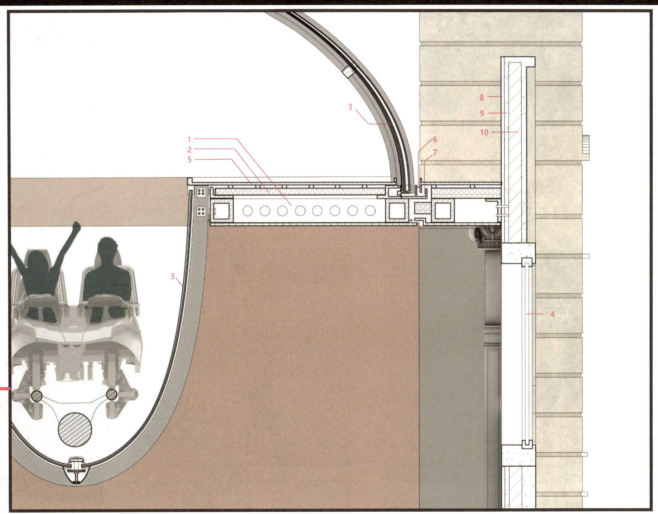

节点 1-1

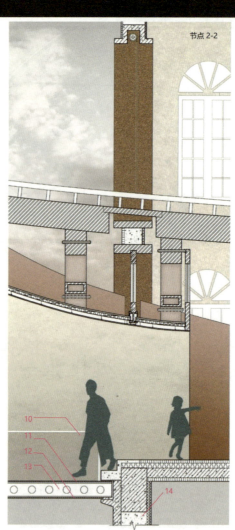
节点 2-2

细节大样 1：20

1 钢管
2 轨道钢架
3 铜条表面
4 铝板
5 铝盖板
6 绝缘体
7 吊顶
8 灯
9 钢筋混凝土
10 玻璃扶手
11 铝制地板
12 石膏板
13 I型梁
14 混凝土

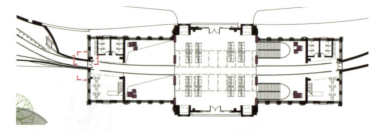

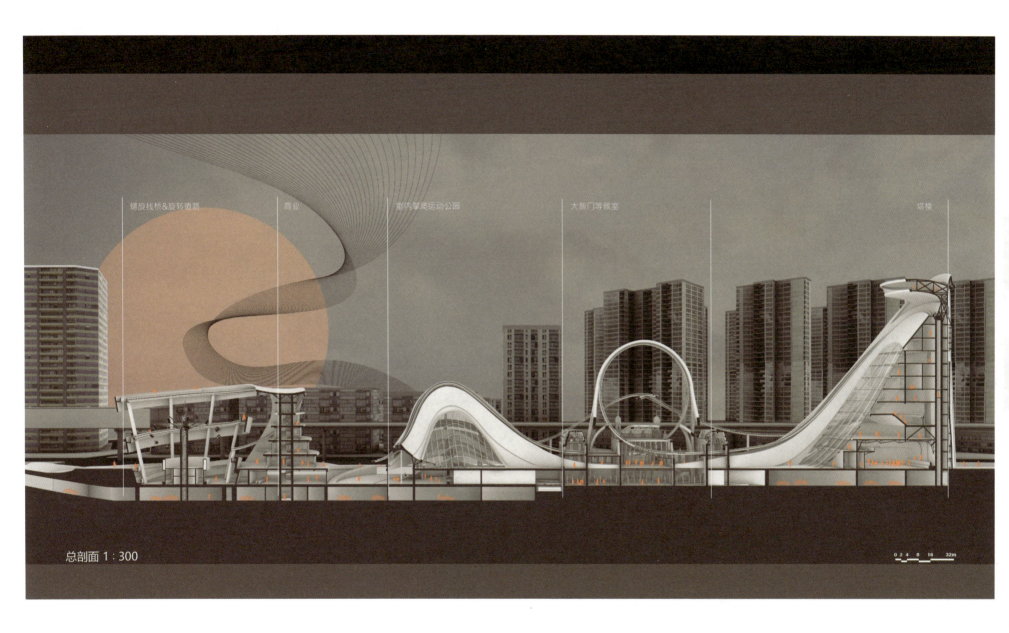

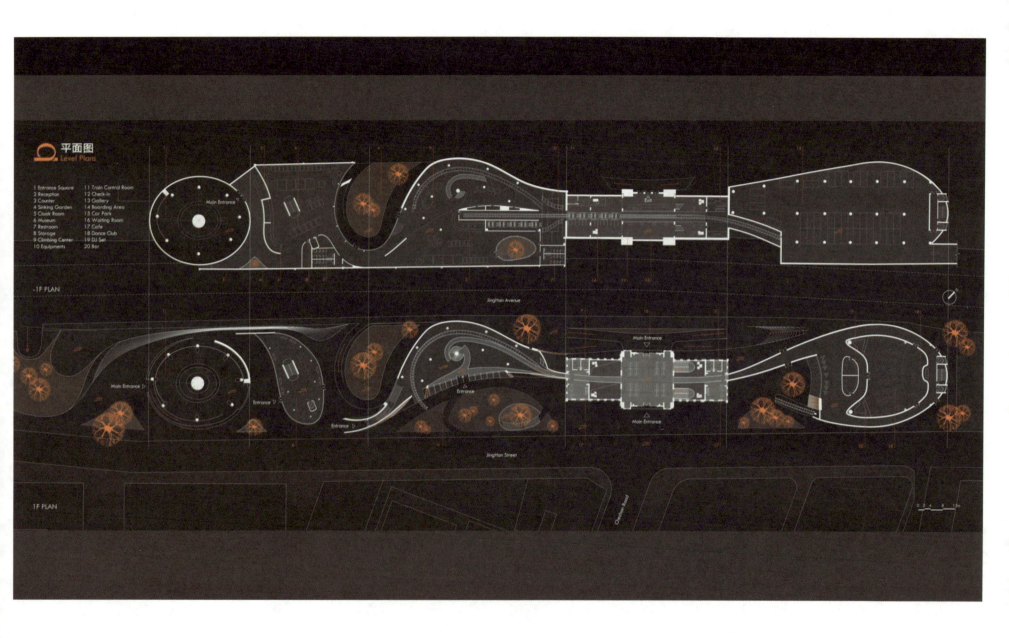

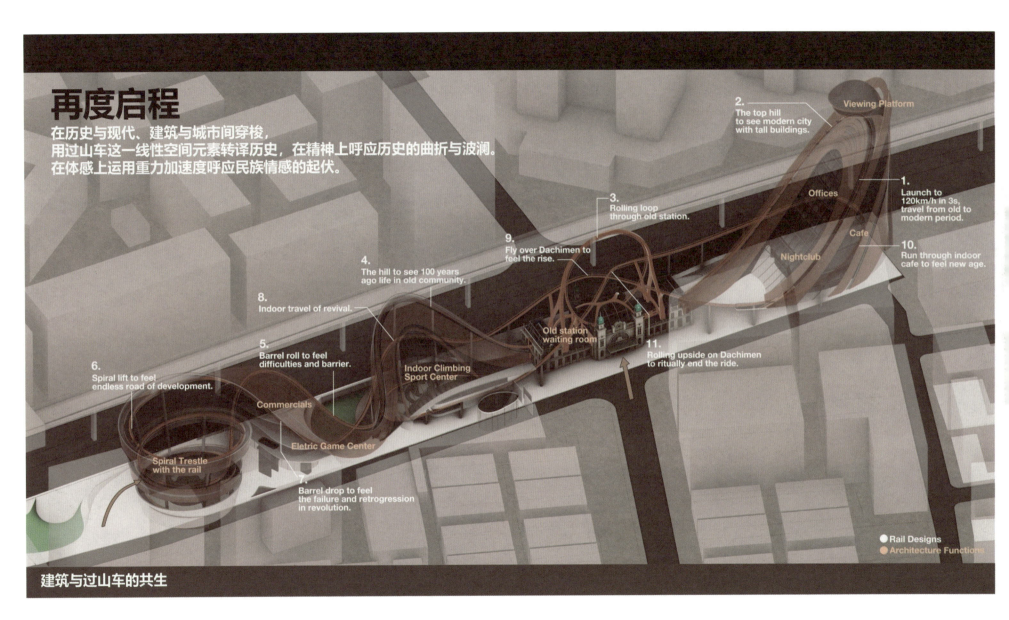

PART 5 制作过程纪实
制作过程纪实1
运用物理模型找寻过山车轨道形态和空间关系

探索轨道与空间生成的1:150模型
在设计完轨道后,使用纸质表面去贴合轨道并生成新建筑体块

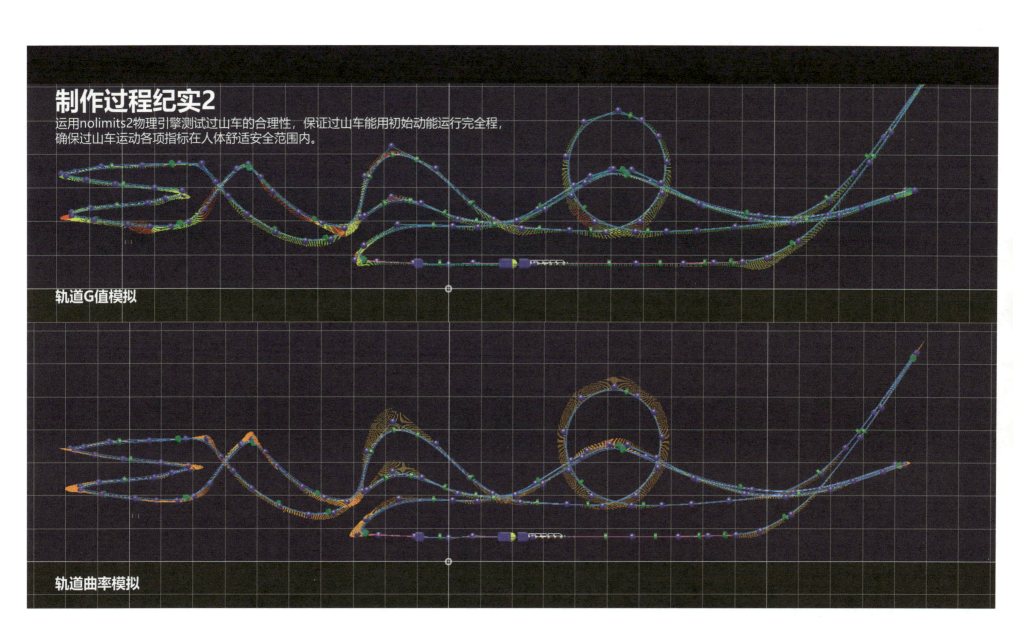

制作过程纪实2

运用nolimits2物理引擎测试过山车的合理性，保证过山车能用初始动能运行完全程，确保过山车运动各项指标在人体舒适安全范围内。

轨道G值模拟

轨道曲率模拟

案例二

祭茶·山野之院

——恩施土家族吊脚楼改造设计

团队成员： 吴嘉欣、曾佳颖、宋欣蓓、王植宇、陈彦迪

设计说明： 设计的意图在于利用土家族传统吊脚楼的建筑空间扩展尺度，将设计维度从内部生活空间延伸到村民们日常耕作的山野梯田之间。在形态方面，大胆敞开一号院落吊脚楼内部的灰色空间与夹杂其中的平房空间，暴露木质结构，再辅以新型真空玻璃框架加固美化。在功能活化上，将油茶汤生产结合生活的功能置入其间，吊脚楼院落间增加通达的廊道与台阶，铺设硬质铺地，实现内外空间的连通。我们所做的不是设计一个按部就班的遗产保护温室，而是修缮、重组空间与人的秩序。而以后的生活，要靠这山野之院中的村民们去种茶、去祭祀、去活化、去发展。

PART 1　前期分析

王母洞院落

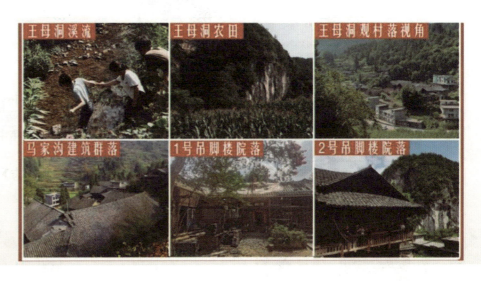

　　王母洞院落为山间小盆地，中间为槽形谷地，两边青山对峙，林木葱茏。王母洞传统院落对面有一溶洞，因神话传说王母娘娘曾在洞中修炼，因此得名王母洞。王母洞在大集体时代可容纳千人开会，曾经是蒋氏家族用来存放粮食和金银财宝的地方。洞内修建了三栋木房。2012年，王母洞传统院落群被列入第一批中国传统村落名录。因部分蒋氏后裔迁居集镇或城市，部分古居长期处于闲置、失修状态，个别屋檐的挑头、檩子、椽子已腐朽垮掉，个别院坝的青石板已破损残缺，**整个建筑群亟待实施防腐、防蛀和防火修缮。**

文化提取

【油茶历史渊源】

【村民生产结合游客体验】

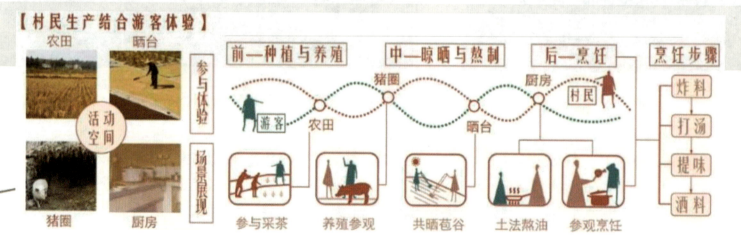

PART 2　设计节点

一号院落

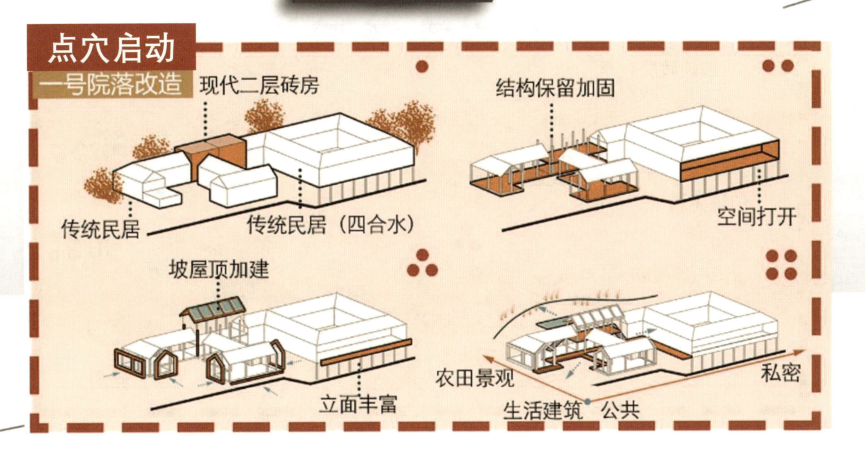

二号院落

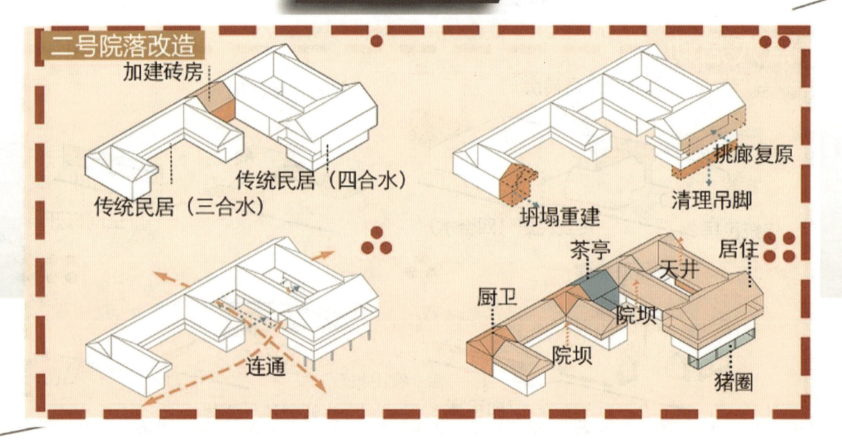

二号院落

 →  →  →

热潮光材　墙地通就
隔防采取　体面
　　　　　墙地通就

入所水材　功能
注厕防取　室内
　　　　　所就

通线门材　空独对地
打流开取　间立外就
　　　　　空独对地

 →  →  →

拆改节增　墙风间光
除善约　　木通空采
　　　　　

架构合美　架构面
钢固今　　结构立
构加古　　
架　　　　

造椅璃明　改桌玻照
细置加添　节入装加

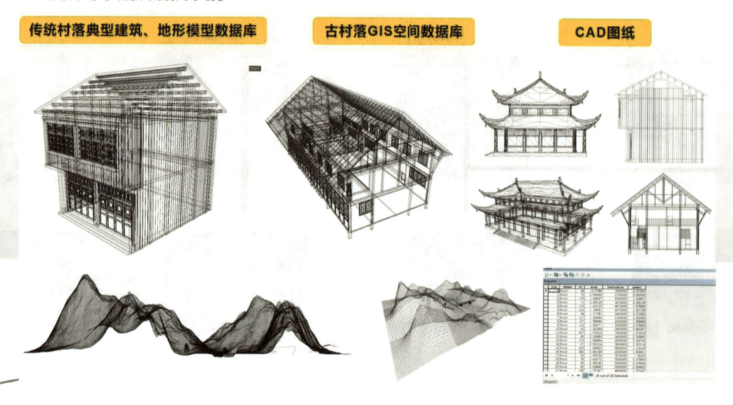

数据库大屏系统

保护原则——传统吊脚楼建筑元素的保留

PART 4 成果展示

模型展示

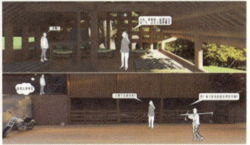